# Las Voces En La Adolescencia Sobre *Bullying*

# Las Voces En La Adolescencia Sobre *Bullying*

desde el escenario escolar

Dra. Maribel Rivera Nieves

Número de Control de la Biblioteca del Congreso
de EE. UU.:                                          2011933188
ISBN:            Tapa Dura            978-1-4633-0224-5
                 Tapa Blanda          978-1-4633-0223-8
                 Libro Electrónico    978-1-4633-0225-2

Este Libro fue impreso en los Estados Unidos de América.

**Para pedidos de copias adicionales de este libro, por favor contacte con:**
Palibrio
1663 Liberty Drive, Suite 200
Bloomington, IN 47403
Llamadas desde los EE.UU. 877.407.5847
Llamadas internacionales +1.812.671.9757
Fax: +1.812.355.1576
ventas@palibrio.com
345916

# TABLA DE CONTENIDO

# DEDICATORIA

Dedico este libro a los estudiantes que diariamente acuden a las escuelas públicas y privadas de este país, enfrentándose en silencio, día a día con el abuso, la agresión y la hostilidad de compañeros de estudios que intentan apagar sus voces ante la injusticia. En especial, dedico este trabajo a mis hijas, Mariery y Sheila, quienes provocaron en mí el deseo de investigar el acoso entre los estudiantes, ya que desde pequeñas me relataban situaciones relacionadas a la convivencia escolar. Han pasado los años y ahora mis nietas, Paola y Khamyla, me relatan situaciones parecidas. Me pareció imperativo hacer algo por aquellos que no saben qué hacer ante las situaciones de *bullying,* aquellos que no cuentan con el apoyo de su familia, ya sea por ignorancia, por resistencia a visitar la escuela, o por falta de interés.

No puedo olvidar a Marlene (nombre ficticio), compañera de estudios en la escuela intermedia, quién provoco en mí el deseo de verme a mí misma en todas las facetas del maltrato entre iguales: observadora, víctima y agresora. Ha pasado el tiempo y no la he olvidado. Olvidé su rostro, pero no sus miedos, no su ira, no su falta de argumentos.

Entender que los jóvenes pueden ser tan frágiles y tan fuertes al mismo tiempo, entender que pueden lastimarse sin saber que las heridas pueden quedar y no sanar, hoy lo tengo muy presente. Sentimientos, recuerdos, alegrías, emociones entrelazadas, todas al mismo tiempo, me hacen reconocer que es necesario alzar nuestras voces para detener el maltrato entre estudiantes porque vale la pena luchar, vale la pena vivir.

"Es tonto pensar que no debe importarme lo que piensen los demás . . . porque cuando llego a mi casa, solo recuerdo cada vez que esas "malditas" me tripean frente a los demás. Pero algún día, van a sufrir más que yo . . . voy a encargarme de eso . . . lo juro."

*Estudiante de 9no grado*

# AGRADECIMIENTO

Reconocer a todas aquellas personas, que han brindado su apoyo y colaboración en este trabajo es exageradamente difícil, ya que el grupo de amigos y colaboradores es extenso. Es imperativo agradecer a todos los estudiantes, profesores, directores, padres, madres, amigos, a todos, muchas gracias, por haber participado en la investigación que precedió a este libro. De forma muy especial, me gustaría agradecer a las siguientes personas por su generosidad, su tiempo, sus recomendaciones, orientación y apoyo, base fundamental de este trabajo, sin los cuales de ninguna manera hubiera sido posible el presente libro.

A la Dra. Ángela Candelario, Decana de la Escuela de Educación, de la Universidad del Turabo, por su inestimable apoyo y por la confianza depositada en mí, su entusiasmo en mi proyecto, inyectó fuerzas para seguir adelante en momentos que creí desfallecer. Sus charlas y consejos fueron de vital importancia para llevar cabo la investigación que da pie a este libro.

Al señor Rafael Pastrana, profesor y amigo personal, quién colaboró en la fase de recopilación de datos de la investigación. En momentos críticos, hizo posible que la información se obtuviera, traspasando obstáculos más allá de lo que hubiese pensado. Su disposición fue inquebrantable. Gracias, por su apoyo.

A la Dra. Ivonne Sanabria, Psicóloga Clínica, quién realizó la lectura inicial, presentando inquietudes relacionadas al fenómeno estudiado, las cuales fueron de vital importancia para continuar con la investigación.

A los profesores a nivel doctoral de la Escuela de Educación en la Universidad del Turabo: Dra. Juana Mendoza, Dr. Ángel Caraballo y Dra. Zaida García por su generosa colaboración en la lectura de la investigación, haciendo recomendaciones para la versión final de la misma.

A las señoras Esperanza Cruz y Oneida Vázquez, quienes trabajaron en la tabulación de datos de forma comprometida y desinteresada, mi sincero agradecimiento.

A mis hijas, Mariery y Sheila por su inestimable apoyo en los peores momentos. Sin ellas, todo sería mucho más difícil. La ilusión, el cariño y la comprensión recibidas en el desarrollo de este trabajo han sido extraordinarias. Sin ustedes no hubiese sobrevivido. Fueron el aliciente para culminar este proyecto. Su apoyo continuo y sus experiencias relacionadas al *bullying*, lograron que me contagiara con la continuidad de la investigación en futuros proyectos. Las amo.

A mis colegas, compañeros de estudios, quienes me motivaron a escribir este libro. Me contagiaron a seguir adelante con su entusiasmo y a publicarlo finalmente.

Por último, un especial agradecimiento a los estudiantes que elevaron sus voces, confiando en tener una mejor convivencia en su entorno escolar. Con sus comentarios inquietantes, acertados y sorprendentes, presentaron aportaciones que me motivaron a seguir adelante. Gracias, muchas gracias, por su participación.

# PROLOGO

Escribir el prólogo para Las voces en la Adolescencia Sobre Bullying supone dos compromisos. El primero es de carácter subjetivo, ya que conozco y admiro a la autora habiendo sido su mentora en el proceso de investigación doctoral. El segundo ya es de carácter objetivo, ya que entiendo que la intimidación o acoso en nuestras escuelas es un mal que como educadores debemos investigar con miras a poder desarrollar una mayor seguridad para niños y jóvenes y una sana conveniencia en los planteles escolares.

El "bullying" es un problema real y grave en las escuelas. El problema no reconoce países, tamaño de las escuelas, diversidad cultural, nivel socioeconómico de los estudiantes ni diferencias del tipo de escuela, sea pública o privada, laica o de denominación religiosa. Este problema no es un fenómeno de nueva creación. Al contrario, ha estado oculto durante mucho tiempo y en años recientes ha sido sacado a la luz pública. Es una manifestación temprana de la intolerancia, discriminación, prejuicios, trastornos emocionales y la violencia que se vive en la sociedad.

La Dra. Maribel Rivera define y describe el acoso o intimidación entre estudiantes en el marco de la convivencia escolar. Le provee al lector, sea este padre, educador o persona interesada en mejorar la calidad de vida de nuestros jóvenes, una valiosa información acerca de las diversas manifestaciones del "bullying". Describe las características de los agresores y las víctimas, pero también de aquellos que como observadores contribuyen a perpetuar las situaciones de acoso.

Una de las partes más interesantes y emotivas de este trabajo son las medidas sugeridas por los propios estudiantes para detener las situaciones de maltrato. Son las voces de estos adolescentes, sean agresores, víctimas u observadores que día a día confrontan esta situación en el escenario escolar, los que nos dan su perspectiva del problema y el por qué no se resuelve. El libro concluye con una amplia gama de recomendaciones basadas en los hallazgos de la investigación. Las mismas van dirigidas a entidades gubernamentales, especialmente al Departamento de Educación y a las universidades del país como una exhortación a unir fuerzas para atender el problema del acoso escolar. La negación a reconocer y aceptar la gravedad del problema nos lleva a la tolerancia de un mal que no solo se quedará en la escuela, sino que eventualmente crecerá y se convertirá en una forma más agresiva de violencia social. Hay que erradicar la tolerancia a la intolerancia. Como señaló el filósofo Karl Popper en su libro "La sociedad abierta a sus enemigos" "ser tolerante con un intolerante puede volverlo más intolerante aún".

La Dra. Maribel Rivera, al denunciar e investigar el fenómeno del acoso escolar, al escuchar las voces de los adolescentes (agresores, víctimas y observadores) ha dado un gran paso para detener la tolerancia de un problema social y educativo que atenta contra la seguridad física y emocional de nuestros jóvenes.

**Ángela Candelario Fernández, Ph.D.**
Decana, Escuela de Educación
Universidad del Turabo

# CAPÍTULO I

## ¿Qué es *bullying*?

*E*n la actualidad, la violencia escolar es noticia constante en los medios de comunicación en la Isla. Estamos viviendo uno de los graves problemas que afecta nuestro sistema educativo, el brote de violencia que afecta la vida de todo el país. La continua guerra entre bandas de distribuidores de drogas, hogares disfuncionales, problemas económicos, el quebranto de salud, la transformación de los valores éticos y morales ha creado un conjunto de indiferencia, malestar, ira y desafío que afecta la calidad de vida de forma desastrosa. Para muchos, la violencia es una realidad de todos los días: está en juegos de computadoras, en dibujos animados, en películas, en las autopistas, en las escuelas, en los parques infantiles, en los vecindarios y en los hogares (Cohen & Walthall, 2003).

Cada vez más, son los jóvenes que están involucrados en el tráfico de drogas y otros actos los que están ingresando en los centros de detención juvenil. A medida que ha pasado el tiempo la edad del transgresor ha disminuido, pues ya no solo los jóvenes cometen faltas, sino también los niños (Ortega, 1996 citado por Soto-Espinosa, 2000). En el diario vivir vemos cómo se manifiestan conductas tales como: leer cartas o documentos personales de amigos, familiares y/o hijos; no responder al saludo, gritar a otros, ridiculizarlos, humillarlos, descuidarlos en su atención. Estas y otras situaciones muestran cómo violamos los espacios individuales, la intimidad y la privacidad de otros, utilizando formas violentas (Almenares, Bernal y Ortíz, 1999).

En Puerto Rico, desde 1996, la labor pionera de educación en derechos humanos y para la paz de entidades como Amnistía Internacional, UNICEF, el Proyecto Caribeño de Justicia y Paz, el proyecto investigativo-educativo del Centro para la Prevención de la Violencia en Jóvenes Hispanos y el Sindicato Puertorriqueño de Trabajadores han propiciado de concienciación y capacitación, desarrollando investigaciones sobre la educación escolar como práctica social y socializadora (Morán y Suliveres, 2004). En Europa y Estados Unidos han proliferado las iniciativas para prevenir la violencia en las escuelas. Sin embargo, investigaciones recientes revelan que los conflictos que se generan en ellas van en aumento (Defensor del Pueblo, 1999).

Este libro parte del supuesto de que la convivencia escolar es un elemento indispensable del derecho a la educación y que en la escuela se reproducen las tensiones de nuestra sociedad. Sin embargo, nos sumamos a la posición sostenida por autores como Jares (2003) quien indica que no se puede responsabilizar en forma exclusiva a la escuela, ni al sistema educativo en su conjunto, del deterioro de la convivencia pues el ámbito escolar es un espacio donde pueden crearse algunas condiciones que permitan un mejor desarrollo de las relaciones entre sus individuos.

Según la Revista Oficial de la Asociación de Maestros de Puerto Rico, en el 1970 hubo un llamado urgente de la Asociación de Maestros, a la búsqueda de soluciones para aminorar la crisis en la seguridad de los planteles escolares. Ese llamado cumple 39 años y la situación vigente ha empeorado. De acuerdo a Cruz (2000), la crisis en la seguridad de las escuelas ha llegado a un grado de incertidumbre colectiva. La realidad se torna alarmante. De acuerdo a Sanabria (2002), más jóvenes de 18 años o menos se encuentran en prisiones, alcanzando un total de 11,345 para el año 2001.

Lo antes expuesto permite reflexionar que vencer esta herencia de violencia legada por el pasado, o fomentada en la actualidad, no es alcanzable a corto tiempo, pero no por ello es irrealizable. No por negarla o no reconocerla dejará de existir. No se trata de aprender a vivir con la violencia, sino a reconocer que es un fenómeno controlable y transformable que trasciende las ciencias, para poder ser abordada por diferentes actores sociales de la sociedad. Las generaciones futuras tienen derecho a vivir un mundo de paz, sin violencia lo que puede ser traducido en salud, bienestar y mejor calidad de vida.

# Terminología

Los términos que se utilizan en el estudio están definidos a continuación.

*Adolescencia*—periodo de transición de la niñez a la madurez que entra aproximadamente a la edad de 10 a 12 y termina alrededor de los 18 a 22 años de edad.

*Acoso*—comportamiento repetitivo de hostigamiento e intimidación

*Acosador*—persona que ejerce el *bullying*

*Agresión física*—acciones que voluntariamente realizadas, provocan o pueden provocar daño o lesiones físicas. Incluye conductas tales como: pegar, empujar, dar patadas o puñetazos, escupir, agresión con armas, etc.

*Agresión verbal*—acciones que voluntariamente realizadas, provocan o pueden provocar daño emocional. Incluye conductas tales como: amenazar, insultar, humillar, burlarse, ridiculizar y parodiar, poner motes o nombres despectivos, etc.

*Aislamiento*—acoso psicológico en el cual se limita el ámbito de las relaciones sociales, excluyendo a la víctima. Incluye conducta tales como: limitar el movimiento, no escuchar, hacer el vacío, dificultar la comunicación, ignorar.

*Autoestima*—Dimensión global de la evaluación del yo o autoimagen, que refleja la confianza global de un individuo y la satisfacción en ellos mismos.

*Baja autoestima*—poca valoración de sí mismo, caracterizada por un auto concepto bajo y una autoimagen negativa.

*Bullying*—aquella conducta en la que un alumno es agredido o convertido en víctima, al estar expuesto de forma repetida y durante un tiempo, a agresiones físicas y/o psicológicas que lleva a cabo otro alumno o varios de ellos (Olweus,1993).

*Casos de violencia*—cantidad de casos violentos registrados en el expediente oficial (archivo) del estudiante. Incluye peleas (agresión física), conducta desordenada y hostil en la escuela (gritos, vocabulario impropio, insultos a compañeros, maestros y personal escolar), amenazas verbales e intentos de agresión física y verbal.

**Comunicación no verbal**—comunicación que se realiza a través de imágenes sensoriales (visuales, auditivas, olfativas . . .), gestos y/o movimientos corporales.

**Comunicación verbal**—comunicación con palabras. Puede ser oral o escrita.

**Conflicto interpersonal**—enfrentamiento u oposición entre personas por falta de acuerdo

**Convivencia escolar**—funcionamiento e interacción en los procesos pedagógicos que conlleva actitudes positivas y comportamiento respetuoso y de consenso, para formar una vida social adulta y crear un mejor clima escolar.

**Depresión**—Tipo de alteración del estado de ánimo en el que el individuo se siente sin valor, cree que no es probable que las cosas mejoren y se comporta de una manera letárgica por un periodo prolongado

**Exclusión**—rechazo social, aislar del grupo al que se pertenecía, privar del derecho de participar en actividades del grupo social o vandalismo.

**Intimidación**—Infundir miedo a través de agresiones físicas, emocionales, sexuales o vandalismo

**Ira**—emoción negativa de enfado desmedido.

**Ley del silencio**—silencio e inacción que hay alrededor de una agresión entre iguales. El agresor exige silencio o se lo impone la propia víctima por temor a las represalias. Los observadores, testigos o espectadores tampoco comunicación los hechos por miedo, por cobardía o por ser agredidos y convertirse en víctimas.

**Nivel intermedio del sistema público de Puerto Rico**—se refiere a grados de séptimo a noveno.

**Percepción**—interpretación personal de las situaciones que se nos presentan

**Reactivo**—preguntas de valoración que consiste en ofrecer una respuesta

**Vandalismo**—destrucción de la propiedad escolar. Se medirá a base de la cantidad de incidentes registrados en la escuela desde los últimos 5 años hasta el presente que implique destrucción de la propiedad escolar, apropiación ilegal de propiedad escolar (robos) y cualquier otro incidente que redunde en daño a la propiedad escolar.

*Variables socio-demográficas*—incluye género, edad, grado o nivel académico, estado socio-económico (ingreso familiar) y lugar de residencia

*Violencia*—cualquier relación, proceso o condición por la cual un individuo o grupo social viola la integridad física, psicológica o social de otra persona. Uso intencional, por amenaza o en efecto, de la fuerza física o el poder, contra uno mismo, otra persona, grupo o comunidad, que resulta o tiene altas posibilidades de resultar en lesiones, muerte, daño psicológico, problemas de desarrollo o de privación.

*Violencia escolar*—cualquier tipo de violencia que se da en contextos escolares, puede ir dirigida a los estudiantes, personal docente o propiedades

*Violencia psicológica*—hostigamiento verbal entre los compañeros a través de insultos, críticas permanentes, descréditos, humillaciones, silencios, entre otras; es la capacidad de destrucción con el gesto, la palabra y el acto. Esta no deja huellas visibles inmediatas, pero sus implicaciones son más trascendentales.

La vida junto a otras personas es inevitable en cualquier sociedad. Se comienza conviviendo con aquellos que constituyen el núcleo familiar y según se va creciendo debemos incorporarnos a nuevos grupos en diversos escenarios. Uno de estos espacios es la escuela, la cual se ha tornado en un escenario más complejo para aquellos que no encuentran un lugar propicio para compartir una estructura diseñada y controlada por adultos, pero en el cual se espera mantener una buena convivencia personal y social (Ianni, 2003).

La escuela, como escenario institucional de convivencia, no está exenta de continuos problemas por lo que ha sido objeto de titulares en los medios de comunicación y de estudios de investigación durante los últimos años. Existen muchos elementos, que hacen que este territorio compartido sea propicio para la aparición de conflictos que pueden impedir que la escuela cumpla eficazmente con las funciones encomendadas y caiga en la violencia. Estos elementos pueden hacer que la escuela asuma una diversidad creciente de funciones y experiencias por la diversidad multicultural, los recursos insuficientes, la distancia generacional, observándose valores e intereses distintos, entre otros (Ianni y Pérez, 1998).

Es por lo que el 29 de abril de 2008, el Senado del Gobierno de Puerto Rico, impulsó una política nacional de convivencia escolar mediante la aprobación de la Ley Núm. 49, que enmienda el Artículo 3.08 y adiciona los Artículos 3.08a., 3.08b., 3.08c., 3.08d. y 3.08e al Capítulo III de la Ley Núm.149 de 1999, según enmendada, conocida como "Ley Orgánica del Departamento de Educación de Puerto Rico". La misma establece como política pública la prohibición de actos de hostigamiento e intimidación (*bullying)* entre los estudiantes de las escuelas públicas; requiere disponer de un código de conducta para los estudiantes; la presentación de informes sobre los incidentes de hostigamiento e intimidación; el originar programas y talleres de capacitación sobre el hostigamiento e intimidación y la remisión anual al Departamento de Educación de un informe de incidentes de hostigamiento e intimidación (*bullying* ) en las escuelas públicas. Ya son varios los Estados que han hecho eco de una política pública firme para combatir este mal, entre los que se destacan Arizona, Arkansas, California, Colorado, Connecticut, Georgia, Illinois, Louisiana, Michigan y New Hampshire.

## El problema de la violencia escolar

Es evidente que la violencia es un problema que afecta la sociedad en todos sus aspectos sociales y está arraigada en todas sus instituciones. Los defensores de las escuelas públicas manifiestan que la educación es una democracia, es un derecho básico de cada niño en la sociedad (Allen-Mears, 1996). La escuela debe ser un lugar donde los estudiantes se desarrollan a nivel cognoscitivo, mental, emocional, social y cultural. Además, la escuela debe ofrecer un ambiente donde los niños se realicen y se sientan seguros (Lynne, Machado y Torres, 2001).

La escuela, como institución social encargada de la transmisión de valores culturales, de la educación en la tolerancia y del desarrollo de la personalidad, las habilidades y aptitudes y el incremento de conocimientos, tiene un papel fundamental, junto con la familia, en el proceso de adaptación social del individuo y de logro de competencia social. El escenario escolar se convierte en uno de sus primeros contextos distales, alejado de la familia, en el que el niño debe aprender a desenvolverse. El resultado de este "conflicto" tiene consecuencias a corto, medio y largo plazo, no sólo en el marco académico, sino también en el marco social (Jares, 2001). Es entonces imperativo prestar atención a lo que piensan los estudiantes y a lo que ocurre en la escuela, no tan solo en cuanto a la transmisión de conocimientos formales, sino a las situaciones que surgen relacionadas con el maltrato entre estudiantes.

A partir de las múltiples investigaciones realizadas en Europa, iniciadas por Dan Olweus en 1973, y por las realizadas en Estados Unidos, se conoce que un elevado número de estudiantes son insultados esporádicamente, son excluidos socialmente o ignorados, reciben agresiones físicas frecuentes, padecen alguna agresión sexual, o les han robado alguna de sus pertenencias (Ortega, 2000). Sin embargo, tal como opina Craig (2000), a los profesores, exceptuando las agresiones físicas directas, no les es nada fácil identificar los episodios de maltrato emocional o de exclusión social. Establece que la incidencia de estos actos de maltrato que no implican agresión física directa, son más numerosos a los que los profesores descubren o piensan que existen.

Por ello, es absolutamente necesario estar alerta ante la importancia de estos hechos y conocer la naturaleza del fenómeno del maltrato entre los estudiantes del sistema público de nuestro país; conociendo por ellos mismos los sentimientos que les generan estas situaciones y de qué manera manejan dichas situaciones. Investigar qué piensan los estudiantes en referencia a la integración con los compañeros en su grupo de iguales, ha aportado valiosa información para comprender más profundamente el fenómeno de la violencia escolar entre iguales. Analizar los pensamientos, los sentimientos y las acciones de nuestros estudiantes, nos ha dado una visión de cuál es la sociedad que los adolescentes perciben y reproducen en sus interacciones diarias.

**Necesidad de entender el *bullying***

Acercarse al fenómeno del maltrato entre iguales en el contexto escolar exige un proceso de reflexión, información, formación y planificación (Avilés, 2001). Contribuir al conocimiento del tema, investigar este problema, conocer los tipos en que se presenta la violencia, identificar los sujetos que la viven y la sufren, ha permitido no sólo aproximarse a su comprensión, sino también a reconocer su existencia, contribuir al conocimiento del tema y a formular estrategias de intervención encaminadas a nuevos proyectos de prevención y de mediación que serán implantados en el futuro. Según un estudio realizado por Santos (2001), es urgente conocer las características del estudiante propenso a realizar actos de violencia ya que la situación de maltrato en la escuela destruye lentamente la autoestima y la confianza en sí mismo del estudiante que lo sufre, hace que llegue a estados depresivos o de ansiedad permanente, provocando una más difícil adaptación social y un bajo rendimiento académico. Además, en casos extremos, pueden producirse situaciones dramáticas como el suicidio (Ortega, 1994, citado en Avilés, 2001). No menos importante, se trata de salvaguardar los derechos democráticos fundamentales y de que los estudiantes se sientan seguros en la escuela, lejos de la opresión y la humillación intencional repetida que implica el maltrato entre iguales (*bullying*) (Oweus, 1999, citado en Avilés, 2001). Ante el dilema sobre qué hacer frente a la violencia desenfrenada que impera y lacera la fibra de nuestra sociedad, nuestra respuesta no puede ser la represión ni el castigo. Debe ser el entendimiento, la comprensión y la comunicación.

Para entender el fenómeno del *bullying*, investigamos catorce (14) escuelas adscritas a la Región Educativa de San Juan, Puerto Rico, cuyos datos se presentan en este libro, con el propósito de conocer los siguientes aspectos:

- Conocer la naturaleza del fenómeno de maltrato entre estudiantes y sus formas más recurrentes
- Identificar la incidencia del maltrato entre estudiantes
- Conocer los sentimientos suscitados entre estudiantes, relacionados al acoso en los agresores, las víctimas y los observadores
- Conocer las estrategias utilizadas por los estudiantes para manejar las situaciones de maltrato entre iguales en el escenario escolar

# CAPITULO II

## El *bullying* en el marco de la convivencia escolar

*L* a violencia es un término con múltiples aspectos. Diversos campos científicos exponen e investigan la violencia explicando varias dimensiones del fenómeno tales como: perspectivas, causas o justificaciones, manifestaciones y consecuencias de los actos considerados violentos, entre otros. La base teórica que sustentó esta investigación se desprendió de las siguientes teorías: la Teoría de Sistemas (Von Bertalanffy, 1987), el Modelo Sistémico (Broffenbrener, 1986) y la Teoría de Aprendizaje Social de Bandura (1973).

### Teoría de Sistemas Ludwig Von Bertalanffy

La Teoría General de Sistemas, visualiza el ser humano como un sistema, formado de diversos subsistemas (Bertalanffy, 1987). En sentido amplio, el sistema puede ser concebido como un conjunto de elementos interrelacionados e interactivos. La suma de sus elementos son las mutuas relaciones que los unen entre sí y las acciones y reacciones mutuas de unos elementos sobre otros. Cabe señalar que la teoría de sistemas plantea como premisa central que el todo es más grande que la suma de sus partes. El autor plantea, que los sistemas reclaman interacción, o al menos, la interdependencia entre sus miembros, ya que consiste en lo siguiente:

- Elementos que lo componen, integrados al sistema, y con determinadas propiedades

- Una interrelación entre los elementos

- Un todo, que es distinto a la simple adición o suma de los elementos

- Una subordinación de todos los elementos al sistema organizado que conforman el universo como entidades aisladas en interacción, pero siendo uno solo

Buckley (1968) define sistema como "un complejo de elementos o componentes directa o indirectamente relacionados en una red causal donde cada componente se relaciona por lo menos con otros de una manera más o menos estable dentro de un periodo particular de tiempo" (p. 38). Todo sistema se caracteriza básicamente por ser una entidad que tiene unas fronteras (límites), con una organización mínima en la cual existe una interrelación de sus partes. Debido a la interdependencia de los componentes, un cambio en una de las partes provoca un cambio en el sistema total. Por ejemplo, en un sistema 'escuela', un cambio en el estado de ánimo de los maestros, por visos de huelga, evidentemente impactará directa o indirectamente a todos los demás componentes de la escuela: estudiantes, padres, personal docente.

García (1995) postula la comunicación entre los especialistas de los diferentes campos ya que el universo observado no se constituye de conocimientos aislados, sino que todas las ciencias pueden ser consideradas un gran sistema universal de conocimientos donde se dan interdependencias y relaciones. Dice además, que la teoría general de sistemas es un modo de ver cosas que antes se habían ignorado o pasado por alto. En este sentido es un método que tiene que ver con los problemas perennes de la filosofía, a los que trata de dar sus propias respuestas. Al definir la teoría se pone de manifiesto su naturaleza interdisciplinaria, la cual propone que todas las ciencias pueden ser enfocadas desde una perspectiva sistémica.

Bertalanffy (1987) presenta la relación entre individuos, grupos, organizaciones o comunidades, y se enfoca en las interrelaciones de los elementos de la naturaleza física, química, biológica y las relaciones sociales. Provee una visión teórica que promueve la consideración de la totalidad de los elementos que inciden en el problema de la violencia escolar. De acuerdo a esta teoría, se concibe a los estudiantes, los padres/ madres y al personal escolar como sistemas de personalidades capaces de iniciar y crear conductas que alteren sus ambientes.

La persona es más que la suma de su conducta. Todos estos elementos entran en una interacción e interdependencia y producen la totalidad del funcionamiento del individuo. Evidentemente, la violencia está enmarcada dentro de los sistemas humanos existentes: individuo, familias, grupos, organizaciones, comunidades y sociedad mayor. Son estos sistemas los que se enfrentan a la continua violencia. Por lo tanto, la Teoría de Sistema facilita la comprensión de estos sistemas y las situaciones que atraviesan. González (1989) expone que una de las características básicas de los sistemas es que estos, por definición, tienen límites (fronteras) que los diferencian de su entorno y de otros sistemas. Por ejemplo, una frontera de una familia la constituye sus valores, ya que ésta le diferencia de otras familias. Cada familia se va a caracterizar por las normas, las reglas, los ritos, las ceremonias que ejecute y que van a llevar a esa familia a ser única.

**Modelo Sistémico Ecológico de Urie Brofenbrenner**

Brofenbrenner (1986) proporciona uno de los pocos marcos teóricos que examinan de forma sistemática los contextos sociales, a nivel tanto micro como macro. Su teoría enfatiza la importancia de observar la vida del niño en más de un escenario en que se desenvuelve, así como las personas que influyen en su desarrollo. El Modelo Sistémico Ecológico de Brofenbrenner (1986, 1995) permite el estudio y la comprensión de los problemas individuales y de los grupos pequeños, así como el análisis del problema de la violencia en las escuelas. Toma en cuenta la interacción de la persona y su ambiente y los problemas sociales dentro del contexto socio-político. Desde el paradigma sociocultural-holístico Brofenbrenner (1995) indica que "la violencia tiene un carácter social en cuanto afecta a las relaciones interpersonales". Se desarrolla a partir de los distintos contextos sociales en el que el individuo vive tales como la familia, la escuela, los amigos, los medios de comunicación, otras culturas, etc.; contexto social entendido no sólo como intercambio de experiencias, sino de sentimientos, emociones, valores, actitudes, etc. Por tanto, el desarrollo de patrones internos de comportamiento que generan violencia es un proceso holístico socializador de la persona.

Brofenbrenner (1986) incorpora 4 niveles de sistemas (el microsistema, el mesosistema, el exosistema y el macrosistema) que se utilizan para entender mejor el comportamiento del individuo. Los microsistemas son aquellos grupos de personas que tienen un efecto en el individuo de forma inmediata, (e.g. familia, escuela, salón de clases, organizaciones comunitarias, pares y vecindario). Los mesosistemas son la inter-relación con cada uno de los sistemas en los que participa el individuo (e.g. interacción entre la familia, escuela, grupos de pares). Los exosistemas son los escenarios con los que el niño o joven no tiene contacto directo, pero cuyas decisiones influyen directamente en los microsistemas, (e.g. políticas de funcionamiento del Departamento de Educación). Por último, los macrosistemas se definen como los valores y las creencias de las instituciones sociales que representan la estructura e ideología de los micro, meso y exosistemas, (e.g. políticas públicas determinadas por la legislatura, Ley de Psicólogos Escolares), según señala Franco (2002). El exosistema está representado por los ambientes en los que el individuo no está activo, pero cuyos eventos le afectan. Esta teoría ecológica permite examinar y entender el fenómeno de la violencia en todos sus elementos.

**Teoría de Aprendizaje Social**

Bandura (1973) desarrolló una teoría llamada aprendizaje social en la que los conceptos de refuerzo y observación conceden más importancia a los procesos mentales internos (cognitivos) así como la interacción del sujeto con los demás. La violencia tiene muchos determinantes y diversos propósitos (Bandura y Walter, 1982) y por ello la Teoría del Aprendizaje Social pretende ofrecer un modelo explicativo para abarcar las condiciones que regulan todas las facetas de la violencia, sea individual o colectiva, sancionada personal o institucionalmente. Esta teoría define la agresión como la conducta que produce daños a la persona y destrucción de la propiedad y ese daño puede adoptar formas psicológicas (devaluación y degradación) o forma física. En la valoración de este daño intervienen procesos de clasificación social (juicios subjetivos) mediatizados o influidos por factores como el género, la edad, el nivel socioeconómico y la procedencia étnica del agresor (Bandura y Ribes, 1975).

Esta teoría explica la conducta humana y el funcionamiento psicológico como el producto de la interacción recíproca y continua entre el individuo y el medio ambiente, admitiendo la participación no solo de factores sociales o aprendidos, sino también de factores biológicos o genéticos. En concreto, Bandura (1989) afirma que las personas no nacen con repertorios prefabricados de conducta violenta, sino que pueden adquirirlos, bien sea por observación de modelos o por experiencia directa, aunque afirma que "estos nuevos modos de conducta no se forman únicamente a través de la experiencia, sea esta directa u observada". Como teoría ambientalista que es, considera que la agresividad no es innata, sino que se gesta a través de la influencia del medio ambiente social sobre el individuo (Bandura, 1973). Bandura y Ribes (1975) creen que "obviamente, la estructura biológica impone límites a los tipos de respuestas agresivas que pueden perfeccionarse y la dotación genética influye en la rapidez a la que progresa el aprendizaje".

Bandura (1973) afirma que "el aprendizaje por observación de modelos agresivos no se produce de forma automática, dado a que algunas personas no centran su atención en los rasgos esenciales del modelo, o sencillamente olvidan lo observado. Para conseguir algún grado de recuerdo es imprescindible representar mediante palabras, imágenes, signos o símbolos". Pero incluso, esto no es suficiente para comportarse de forma agresiva, pudiéndose interferir la realización conductual cuando la persona no posee las capacidades físicas, cuando carece de los medios necesarios para ejecutar la agresión, cuando la conducta no tiene valor para ella, o cuando la conducta está sancionada de forma negativa. Es decir, que aun habiendo aprendido conductas agresivas, el medio sociocultural jugará un papel determinante en su ejecución o no. Se reconocen tres fuentes principales del modelado de la conducta violenta: las influencias familiares, las influencias sub-culturales y el modelaje simbólico.

La teoría de Aprendizaje Social establece que las influencias familiares son las que mayor repercusión tienen en la vida de las personas por su disponibilidad de modelos y por las carencias que pueden ocasionar; muchas investigaciones avalan este punto (McCord, 1979, citado por Olweus, 1998). Se destaca el modelaje simbólico a través de la televisión, ya que los patrones de respuesta trasmitidos gráfica o verbalmente, pueden aprenderse a través de la observación de una manera tan eficaz como aquellos presentados mediante demostraciones sociales (Bandura y Walter, 1982).

La conducta violenta puede aprenderse también por experiencia directa, mediante recompensas y castigos otorgados ante ejecuciones de ensayo y error. Garrido, Herrero y Masip (2001) sostienen que un niño pacífico puede convertirse en agresivo mediante un proceso en el que otro ejerce el papel de víctima y posteriormente contraataca con resultados exitosos. Ello obedecería a que "las influencias del modelaje y del refuerzo operan conjuntamente en el aprendizaje social de la agresión en la vida diaria".

Garrido et al. (2001) mencionan que "la teoría, más allá del aprendizaje de la conducta agresiva, hace referencia a los elementos que la activan y canalizan. Son los denominados "instigadores", como el modelaje con función discriminativa, des-inhibitoria, de activación emocional o de intensificación del estímulo, el tratamiento abusivo (ataques físicos, amenazas e insultos), la anticipación de consecuencias positivas y el control instruccional para recompensar la obediencia a determinadas órdenes que exigen conductas agresivas y violentas y castigar su incumplimiento".

La conducta agresiva está controlada en gran medida por sus consecuencias, por lo que si alteramos los efectos que produce, puede ser modificada (Bandura, 1973). La agresión tiene un valor funcional muy distinto para cada persona, y aún, varía dentro del propio individuo dependiendo de las circunstancias. Los patrones de refuerzo o de castigo pueden alterarse independientemente de las circunstancias o de la víctima de la agresión mediante prácticas de exoneración que pueden adoptar diferentes formas: atenuación de la agresión por comparación ventajosa, justificación de la agresión en función de principios más elevados (libertad, justicia, paz e igualdad), desplazamiento de la responsabilidad, difusión de la responsabilidad, deshumanización de las víctimas; atribución de culpa a las víctimas, falseamiento de las consecuencias o la desensibilización graduada. Este enfoque rechaza abiertamente la concepción innatista de la agresividad humana, pues traslada el origen de la agresión del individuo al medio social. No lo conceptualiza ni como pulsión ni como instinto, sino como una de las múltiples respuestas que pueden darse no solo ante la frustración, sino ante cualquier otra situación conflictiva.

# CAPITULO III

## Bullying

*E*l movimiento a favor de los derechos humanos ha puesto de relieve la importancia del respeto a las personas y su dignidad, y considerar toda conducta que implica una agresión física o verbal, discriminación, marginación o acoso como socialmente inaceptable. En 1996, la 49ma Asamblea Mundial de la Salud adoptó la resolución WHA49.25, en la que declara que la violencia es un problema fundamental de la salud pública fundamental que crece en todo el mundo. En esta resolución, la Asamblea hizo resaltar las graves consecuencias de la violencia, tanto a corto como a largo plazo, para los individuos, las familias, las comunidades y los países, y recalcó los efectos perjudiciales de la violencia en los servicios de atención de salud (Informe Mundial sobre la Violencia y la Salud, 2007).

La violencia en las escuelas refleja un problema muy serio, que se manifiesta en hechos como robos, peleas o destrozos de equipo y material en instalaciones escolares. También las situaciones violentas abarcan otros hechos que no son tan evidentes, pero sí son situaciones de conflicto que logran alterar el ambiente social y la sana convivencia escolar.

La prensa local frecuentemente ha puesto de manifiesto que en la mayoría de los centros educativos surgen situaciones de abuso y violencia entre los escolares (Archilla, 2001; Millán, 2000; Torres, 2002). Ortega (1994) menciona que "el contacto con profesionales de la enseñanza nos revela que, con frecuencia, este fenómeno sólo llega a conocimiento de la comunidad educativa cuando, por desgracia, suele ser demasiado tarde, es decir, cuando las conductas de agresión y de victimización están muy arraigadas y su repercusión es dramática".

Cerezo (2001) sostiene que las situaciones de violencia entre los escolares van más allá de los episodios concretos y puntuales de agresión y victimización. Estas situaciones evidencian un desequilibrio prolongado de fuerzas que se resuelve de manera no socializada, de manera que la víctima recibe las agresiones de otro en forma sistemática y llega a convertirse en su víctima habitual. La posición de indefensión es altamente contaminante de la percepción de victimización, de manera que suele extenderse al conjunto del grupo de iguales, hasta el punto que la víctima percibe que el ambiente escolar se vuelve contra él o ella, lo que propicia el desarrollo de graves estados de ansiedad. Por otro lado, el agresor va afianzando su conducta antisocial, cuyas consecuencias provocan exclusión social y favorecen la delincuencia.

Jackson (1975) señala que "el interior de cada institución se gesta de manera distinta, donde algunos estudiantes se aprovechan o hacen uso de ella, mientras otros la sufren. Los padres en realidad, no saben cómo es el comportamiento y la interacción de sus hijos con sus compañeros tanto dentro como fuera del salón; pero aún es más incierto lo que aprenden de manera cotidiana entre pares. En la secundaria se establecen muchas interrogantes sobre el desempeño académico de los estudiantes así como los efectos que produce en la formación de nuevas generaciones, en otras palabras, los padres se interesan más por la superficie escolar que por su contenido".

Najera (2006) expone que al ingresar en la secundaria, los estudiantes enfrentan una serie de códigos institucionales a los que deberán integrarse, de tal forma que conocerán cuál será su posición en la escuela, advertirán las reglas que deberán asumir, sin olvidar sus experiencias personales ni culturales y que han aprendido tanto en la familia como en su comunidad, hecho que no se puede negar ni ocultar y que repercute de manera determinante al interior de la institución.

Muchas veces, los padres señalan que no se han percatado de este problema. El Informe Monbusho (1994, citado en Avilés, 2001) revela que el 50.6% de los padres y madres no saben que sus hijos son víctimas, y el 67.4% de los padres se entera por las víctimas y no por la escuela.

En el transcurso de la vida en el salón de clases el estudiante pone en juego elementos culturales propios de la familia y del ambiente en que ha crecido. Su identidad adquiere relevancia en el ámbito de los significados que comparte (las bromas, los chistes) y donde los apodos no pueden quedar a un lado. Es la oportunidad, en el grupo de amigos, de compartir algo en común (Voors, 2005).

Los problemas entre estudiantes, según indica Furlán (1998) pueden surgir en cualquier momento, por cualquier motivo y en cualquier lugar. Cerda y Assaél (1998) indican que "el salón de clases es el espacio donde los estudiantes, además de conocimientos aprenden a negociar, explícita e implícitamente, con los maestros y con sus pares para mantener la comunicación; relación donde las expresiones orales y de gesticulación tienen un gran significado porque representan una forma de interactuar. Dado que el salón es donde los adolescentes pasan la mayor parte del tiempo dentro de la escuela, también se convierte en el lugar en el que los abusos son parte de la vida diaria, para ellos cada oportunidad es buena para hacer sentir mal a sus pares por medio de bromas de mal gusto e insultos directos e indirectos".

Ortega y Del Rey (2003) han planteado que "es en el salón donde se manifiesta concretamente el subsistema de relaciones de estudiantes como vínculo social más importante para el desarrollo de la actividad académica y en consecuencia el más expuesto a la aparición de conflictos de todo tipo, conflictos que no siempre resultan fácil de detectar, comprender y tratar de mitigar". Continúa y dice "se percibe como un sistema dinámico que se va modificando gracias a los intercambios de conductas, afectividad, valores y significados generados a partir del tipo de actividades propuesto y de los referentes socioculturales de los componentes del grupo en cuestión" en consecuencia, las modificaciones en su interior tendrán un impacto o determinarán los sistemas en los que se encuentra sumida.

La escuela no es un espacio estático, sujeto a control y modelable; los procesos que se generan son actividades de carácter intencional y más que procesos de índole técnico que se relacionan con la realidad en la que surgen, son actos sociales, históricos y culturales que orientan a valores y en el que se involucran sujetos y se sustentan en procesos de comunicación abiertos, dinámicos y contextualizados. Estos exigen el establecimiento de canales que posibiliten el flujo de información real y adecuada para favorecer avances significativos, para descubrir las necesidades y preferencias de los alumnos (Souto, 1996).

Rué (1997) expone que en la escuela, como espacio donde grupos humanos establecen relaciones psico-afectivas, se generan, intercambian y asimilan situaciones, vivencias, habilidades, actitudes y actividades y conductas que configuran la vida situacional y única. El clima socioafectivo de la escuela y el aula, con la dinámica de influencias que el grupo genera sobre cada uno de sus integrantes, transmite a los sujetos que conforman una unidad psicológica y afectiva, señales relativas a su propia imagen, a su agrado de seguridad y facilita o dificulta el desarrollo de intereses y normas de referencia desde las cuales regular su conducta.

Roland y Galloway (2002) señalan que la violencia dentro de la escuela puede ocurrir entre un individuo y otro, entre grupos, o puede implicar a un conjunto escolar y aún a la institución en su totalidad. Han expuesto que la violencia en un grupo escolar se presenta con mayor probabilidad cuando en éste predominan las sanciones o las formas disciplinarias rígidas como formas principales de control del maestro sobre sus estudiantes, y cuando el profesor no es capaz de lograr un liderazgo basado en el fomento del trabajo en equipos, con un alto nivel de exigencia intelectual.

Smith (2004) menciona que la violencia en la escuela puede ser entendida como el producto de actos intencionales y sistemáticos que se convierten en un daño o en una amenaza. Desde este punto de vista, las conductas agresivas dentro de la escuela no se limitan a acontecimientos de violencia física, sino que se trata de abusos de poder por parte de personas más fuertes en contra de otra o de otras más débiles. Estos abusos pueden ser verbales o físicos, o también pueden ser la exclusión o la marginación de algún individuo o de un grupo de las actividades normales de una colectividad escolar.

### Definición de violencia y maltrato entre iguales (*bullying*)

Definir el maltrato entre iguales (*bullying*) no es tarea sencilla. Sin embargo y a pesar de las muchas definiciones ofrecidas, podemos afirmar que la mayor parte de ellas comparten una característica en común: señalar al maltrato entre iguales como una conducta específica del comportamiento agresivo (Espelage y Swearer, 2003). El *bullying* es un proceso complejo de victimización de otra persona que va más allá de las simples discusiones o malas relaciones entre compañeros, y que se diferencia de éstos por su naturaleza, su duración, su intensidad, sus formas, sus protagonistas, sus consecuencias y sus ámbitos (Rodríguez, 2006). Ha sido definido por diferentes investigadores en la forma que se describe a continuación.

El noruego Olweus (1993), uno de los pioneros en el estudio de la victimización en entornos escolares, proporcionó hace más de 20 años una definición del maltrato entre iguales. Para Olweus, la victimización o maltrato psicológico entre iguales corresponde a una conducta de persecución física o psicológica que realiza un alumno o alumna contra otro u otros, a los que elige como víctimas de repetidos ataques. Esta acción no es en absoluto trivial ni casual, sino negativa e intencionada, y sitúa a las víctimas en posiciones de las que difícilmente pueden salir por sus propios medios. La entiende como aquella conducta en la que un alumno es agredido o se convierte en víctima cuando está expuesto de forma repetida y durante un tiempo a agresiones físicas y/o psicológicas. Un aspecto esencial del fenómeno es que debe existir un desequilibrio de fuerzas.

La violencia se puede definir como el uso de la fuerza abierta u oculta con el fin de obtener de un individuo o grupo lo que no quieren dar libremente. La literatura revisada sostiene fundamentalmente que el término "violencia" en el ámbito escolar se considera sinónimo de "maltrato", "intimidación" y "acoso" (Escontrela y Domínguez, 2003).

Para Planella (1998), el maltrato es aquella situación o situaciones en que dos o más individuos se encuentran en una confrontación en la cual una o más de una de las personas afectadas salen perjudicadas, siendo agredida física o psicológicamente. Piñuel y Oñate (2007) definen el acoso escolar como un continuado y deliberado maltrato verbal y modal que recibe un niño por parte de otro u otros, que se comportan con él cruelmente con el objeto de someter, amilanar, arrinconar, excluir, intimidar, amenazar u obtener algo de la víctima mediante chantaje y que atentan contra su dignidad y sus derechos fundamentales.

Ortega (1994), en un estudio sobre el maltrato e intimidación entre los alumnos en los centros escolares, lo define como "una situación en la cual uno o varios escolares toman como objeto de su actuación, injustamente agresiva, a otro compañero y lo someten, por tiempo prolongado, a agresiones físicas, burlas, hostigamiento, amenazas, aislamiento, etc. aprovechándose de su inseguridad, miedo y dificultades personales para pedir ayuda o defenderse".

Ortega y Mora-Merchán (2006) han señalado que una de las características de la violencia y el maltrato es la diferencia física y/o psicológica entre los involucrados. Estas situaciones interpersonales perjudican a ambos, agresor-víctima: en éste produce humillación, miedo, ansiedad, depresión, baja autoestima; en aquel deterioro social y moral. Perjudica también a los demás compañeros ya que altera el clima socio-emocional del centro escolar y, "en definitiva, al desarrollo personal y al rendimiento académico", y supone "un comportamiento de prepotencia, abuso o agresión injustificada que unos chicos ejercen sobre otros". El maltrato atenta, en definitiva, contra la dignidad del ser humano.

Según el Informe Violencia entre Compañeros en la Escuela (2005), la violencia escolar es cualquier tipo de violencia que se da en contextos escolares. Puede ir dirigida hacia alumnos, profesores o propiedades. El informe indica que los actos tienen lugar en facilidades escolares (salones, patios, baños, gimnasios, entre otros), en los alrededores de la escuela y en actividades extraescolares. El término acoso (*bullying*) en el informe antes mencionado, hace referencia a un comportamiento repetitivo de hostigamiento e intimidación, cuyas consecuencias suelen ser el aislamiento y la exclusión social de la víctima. El estudio menciona que se puede hablar de acoso cuando se cumplen al menos tres de los siguientes criterios:

- La víctima se siente intimidada

- La víctima se siente excluida

- La víctima percibe al agresor como más fuerte

- Las agresiones son cada vez de mayor intensidad

**El adolescente y la violencia**

Simmons (2006) argumenta que la agresividad en el adolescente tiene muchas causas. Para comprender al adolescente violento hay que tener en cuenta el área cognitiva, emocional, conductual y social. La adolescencia comienza con una forma de violencia producida por la naturaleza, que son los cambios físicos de la pubertad. Este es también un período de profundos cambios psicológicos, tales como: pérdida del mundo infantil y la aparición de la genitalidad. Es una etapa de incertidumbre a la espera de alcanzar la identidad en que el "yo" frágil e inseguro teme quedar "pegado" a la situación infantil y achaca al entorno sus dificultades para progresar, haciéndole intervenir. Ataca buscando unos límites externos que lo contengan. Rodríguez (2006) sostiene que "en la infancia y en la adolescencia, también hay que tener en cuenta los conflictos familiares severos, como el maltrato ideológico, psicológico, físico o moral por parte de los padres, como causas para la violencia escolar".

En investigaciones realizadas por Huizinga, Loeber, Thornberry y Cothern (2000) encontraron que en la infancia y adolescencia, resulta habitual que comportamientos antisociales e incluso delictivos se correspondan con una conducta normal del niño y adolescente, formando parte del proceso de crecimiento, aprendizaje y desarrollo social de los mismos. La mayor parte de esta delincuencia es de carácter leve, temporal y no suele dejar efectos negativos posteriores. Sin embargo, una minoría de esos niños y adolescentes, generalmente autores de delitos más graves y frecuentes, tienen más posibilidades de convertirse en delincuentes habituales que los que comienzan a edades más tardías (Howell, 1997). Otras investigaciones como el *OJJDP's Study Group on Very Young Offenders* y el estudio de Farrington en *The Cambridge Study in Delinquent Development* revelaron que la mayoría de los delincuentes crónicos o reincidentes empezaron su actividad criminal a edades tempranas (la infancia y adolescencia), prestando una mayor atención a las deficiencias del desarrollo de la personalidad y a los vínculos sociales formados durante la infancia, como precursores de una conducta antisocial y delictiva posterior (Huizinga et al., 2000).

Bloom (1996) sostiene que existe una serie de factores de riesgo que pueden influir, en mayor o menor medida, en la aparición de una conducta antisocial o delictiva en los niños y jóvenes. Garrido y López (1995) señalan que "todo parece apuntar a la existencia de una serie de factores individuales y ambientales que funcionan como protectores reales ante la existencia de eventos severos y acumulativos, y situaciones estresantes de vida".

La participación en riñas, la intimidación y portar armas son importantes comportamientos de riesgo de violencia juvenil. La mayoría de los estudios que examinan estos comportamientos han incluido a alumnos de escuelas primarias y secundarias, que difieren considerablemente de los niños y adolescentes que han dado por concluido sus estudios o han desertado de la escuela. En consecuencia, probablemente sea limitada la aplicabilidad de los resultados de estos estudios a los jóvenes que ya no están asistiendo a la escuela. La participación en riñas es muy común entre los niños en edad escolar en muchas partes del mundo (Parrilla, 1997). Alrededor de un tercio de los alumnos informan haber participado en riñas y, en comparación con las niñas, es de dos a tres veces más probable que los varones hayan intervenido alguna vez en riñas. La intimidación es también frecuente entre los niños en edad escolar.

En un estudio de comportamientos relacionados con la salud en niños en edad escolar de 27 países, se encontró que la mayoría de los niños de 13 años en la generalidad de los países había llevado a cabo actos de intimidación al menos por algún tiempo. Aparte de ser formas de agresión, la intimidación y las riñas también pueden conducir a modalidades más graves de violencia (Informe Mundial de la Violencia y Salud, 2007).

Diversas investigaciones han puesto de relieve la diversidad de causas que están detrás de la dinámica de la víctima de *bullying* y de factores que actuarían como protección/ riesgo (Olweus, 1998; Smith, 2004; Ortega y Mora-Merchán, 2006) en diversos ámbitos como el cultural, social, escolar, grupal, familiar y personal. Estos factores protectores se refieren a las influencias que pueden suprimir o mitigar el efecto de los factores de riesgo, incrementando la resistencia a la violencia (Kazdin y Buela—Casal, 2001).

En la década de 1980, la violencia se declaró emergente máximo en el ámbito de la salud a nivel mundial. Desde entonces la literatura referida a las violencias identificó a los factores psicológicos y psicosociales como una presencia imprescindible para estudiar los comportamientos violentos en los adolescentes y los niños en las escuelas.

A partir de ese momento se subrayaron los que se consideran impactos de la vida en familia, y de diversas formas de la violencia social en los escolares (Giberti, 2000). Desde otra perspectiva, algunos autores afirman que la violencia escolar no es un fenómeno generalizado. Ni es tampoco un problema que afecte mayoritariamente a las escuelas públicas y de la que están a salvo las más disciplinadas escuelas privadas; no es sólo un problema de poblaciones marginales, ni hay estudios que la relacionen directamente con la modificación de la estructura familiar. El fenómeno de los malos tratos y de la victimización es un problema que afecta a los grupos de iguales, en todas las instituciones, también en la escolar. Es un problema que ha existido siempre; es ahora que adquiere las formas culturales predominantes: la prepotencia, el insulto, la extorsión, la amenaza, el desprecio y la exclusión social (Ortega, 2000).

Moreno (1998) caracteriza estas formas de violencia según sea su visibilidad o su invisibilidad: la mayor parte de los fenómenos que tienen lugar entre estudiantes, el *bullying* o intimidación, el asalto, el acoso sexual, o ciertos tipos de agresiones y extorsiones—resultan invisibles para padres y profesores; en cambio, la disrupción, las faltas de disciplina y la mayor parte de las agresiones o el vandalismo, son ciertamente bien visibles, lo que puede llevarnos a caer en la trampa de suponer que son las manifestaciones más importantes y urgentes que hay que abordar, olvidándonos así de los fenómenos que hemos caracterizado por su invisibilidad.

Por su parte, Jorge Corsi (1998, citado en Giberti, 2000) escribió: "Las manifestaciones cada vez más tempranas de la violencia son el reflejo de una sociedad que proporciona a las nuevas generaciones modelos de vínculos que dejan de lado valores tales como la verdad, la justicia, la solidaridad y el respeto por el otro".

## Factores que inciden en la violencia escolar

Abramovay (2005) sostiene que un punto crucial para entender y explicar y, consecuentemente, educar para la convivencia es conocer aquellos factores que influyen en su aparición y desarrollo. Queda por descontado que un fenómeno tan complejo como es la violencia escolar no deriva de una sola variable, sino de múltiples variables en interrelación. Los factores más importantes son:

- La personalidad del alumno
- El contexto familiar
- El entorno socioeconómico
- La propia institución escolar

La autora postula que los factores externos (exógenos) se refieren a explicaciones de naturaleza socioeconómica. Entre ellos hay que mencionar la intensificación de las exclusiones sociales, raciales y de género, así como la falta de puntos de referencia entre los propios jóvenes.

Otros factores externos son el crecimiento de los grupos y de las pandillas, como también el tráfico de drogas y el colapso de la estructura familiar. La falta o la pérdida de espacios para la socialización se presenta como un factor adicional (Clark, Clames y Bean, 2000). Dichos factores, aunque no sean condicionantes, se pueden encontrar en las argumentaciones propuestas para muchos de los casos de violencia practicados en las escuelas. Desde esa perspectiva, la escuela es víctima de situaciones que están fuera de su control. La escuela se vuelve objeto de los actos violentos. En términos de las variables internas (endógenas), la literatura pone énfasis en factores como los sistemas de normas y de reglamentos, así como en los proyectos político-pedagógicos (Hayden y Blaya, 2001; Ramogino y otros, 1997, citados en Valle, Albita y Rosado, 1998). Esos factores comprenden también el colapso de los acuerdos relativos a la coexistencia interna, y también a la falta de respeto por parte de los profesores en relación con los alumnos, y de estos con aquellos. Otros elementos citados son la baja calidad de la enseñanza y la escasez de recursos (Sposito, 1998; Feldman, 1998; Blaya, 2001, citados en Clark, Clames y Bean, 2000). Tales variables forman parte de un conjunto de acciones, de dificultades y de tensiones vivenciadas en la rutina cotidiana de la escuela. Las razones que justifican los inconvenientes encontrados en el establecimiento de relaciones entre los alumnos, la escuela y la comunidad, pueden ser explícitamente localizadas en esas variables.

Un estudio muy importante sobre la incidencia de la intimidación y el maltrato entre iguales en la educación secundaria obligatoria realizado por Avilés y Monjas (2005) en España, reveló que la causalidad es diferente según el prisma con que se observa. Desde los testigos predominan las atribuciones intencionales y de desequilibrio de poder; desde los agresores son los argumentos exculpatorios los que son mayoritarios; y desde quienes sufren el maltrato coexisten tanto los pensamientos que informan de la conciencia de las víctimas sobre las intenciones del agresor de hacer daño y las ideas de minimizar las acciones del agresor, como los de autoinculpación, sobre todo a medida que el maltrato se mantiene en el tiempo.

## Manifestaciones del acoso escolar

De acuerdo con Avilés (2001), el tipo de acoso escolar o *bullying* se puede clasificar en:

- **Físico:** empujones, patadas, puñetazos, agresiones con objetos. Este tipo de maltrato se da con más frecuencia en la escuela primaria.
- **Verbal**: se reconoce esta forma como la más habitual en las investigaciones. Principalmente se refiere a insultos y motes, menosprecios frecuentes en público o el resaltar de forma constante una acción o defecto físico. El teléfono como herramienta tecnológica se usa como medio para este tipo de maltrato.
- **Psicológico**: acciones encaminadas a minar la autoestima del individuo y fomentar su sensación de inseguridad y temor. El componente psicológico está en todas las formas de maltrato.
- **Social**: pretende aislar el individuo respecto al grupo y hacer partícipes a otros de esta acción. Esto se consigue con la propia inhibición contemplativa de los miembros del grupo.

Es necesario delimitar lo que se entiende por *bullying*. Literalmente del idioma inglés, "bully" significa bravucón: en este sentido, se trata de conductas que tienen que ver con la intimidación, la tiranía, el aislamiento, la amenaza, los insultos, sobre una víctima o victimas señaladas que ocupan ese papel. Aunque el término *bullying* no abarque la exclusión social como forma agresiva de relación, aún con esta limitación, proporciona las características básicas para definir el fenómeno y es este término el que, tras diferentes revisiones a partir de la primera definición de Olweus en 1978, más aceptación ha producido de "un alumno es agredido o se convierte en víctima cuando está expuesto, de forma repetida y durante un tiempo, a acciones negativas que lleva a cabo otro alumno o varios de ellos" (Olweus, 1998).

Díaz Aguado (2005) indica que en la última década se ha incrementado considerablemente la toma de conciencia respecto a un problema que es tan viejo y generalizado como la propia escuela tradicional: el acoso entre iguales. Los resultados obtenidos en los estudios científicos realizados sobre su incidencia reflejan que a lo largo de su vida en la escuela, todos los escolares parecen tener contacto con la violencia entre iguales, como víctimas, agresores u observadores (situación que es más frecuente).

**Efectos de los medios de comunicación en los niños y jóvenes**

Los medios de comunicación están siendo cuestionados como primer catalizador de la información. Los medios de comunicación presentan la violencia como algo cotidiano, inmediato y frecuente. Los niveles de violencia física en los dibujos animados actuales son comentados en el debate público. Los niños y los adolescentes están expuestos frecuentemente a niveles de violencia televisiva a través de películas, canales de música, videojuegos, mensajes al celular y periódicos. Varios autores entienden que la exposición a actos violentos está fuertemente asociada con el riesgo de sufrir o verse implicado en comportamientos agresivos y violentos (Derksen y Strasberguer, 1996).

En el año 1997, se publicó un estudio longitudinal en la revista *Developmental Psychology* de la American Psychological Association (APA), realizado por la Universidad de Michigan, cuyos resultados arrojaron información sobre los efectos de la exposición a la televisión en niños entre las edades de 6 a 10 años. Los resultados indicaron que los niños expuestos a programas de televisión violentos se identifican con personajes agresivos del mismo sexo y perciben que lo que ven en los medios está ligado a su capacidad de ser agresivos como jóvenes adultos, tanto en hombres como en mujeres, independientemente de sus niveles iniciales de agresión, sus capacidades intelectuales, su estatus social (determinado por la educación o la ocupación de los padres), la agresividad de los padres y el estilo de crianza de su padre o madre. Los investigadores continuaron la investigación comenzada en 1977 en la cual entrevistaron a 557 niños entre las edades de 6 a 10 años en el área de Chicago mediante una nueva entrevista a 329 de los niños originales, ya con 20 años de edad. Se les preguntó sobre sus programas de televisión favoritos. Entrevistaron, además, a sus padres, esposos y amigos y les solicitaron evaluar la frecuencia con la cual mostraban conductas violentas. También localizaron sus registros en los archivos del estado sobre convicciones criminales y violaciones a las leyes de tránsito (Huesmann, Moise—Titus, Podolski y Eron, 1997).

Los resultados indicaron que los varones que se exponían a programas violentos desde niños son tres veces más propensos que los demás varones a empujar a sus esposas, a responder a un insulto empujando a una persona, a ser convictos por crímenes y a cometer infracciones a la ley de tránsito. En el caso de las mujeres son tres veces más propensas que otras mujeres a tirar objetos a sus esposos o a responder a alguien que les molesta empujando o golpeando a la persona, a cometer algún acto criminal o una infracción de tránsito. Huesmann et al. (1997) han indicado que tanto para hombres como para mujeres, la exposición habitual temprana a programas de televisión predice su agresividad posterior en la vida. La programación más dañina es aquella en la que el niño puede identificarse con el adulto y en la cual la justicia no alcanza la persona que comete el acto delictivo.

La literatura revisada hace referencia a estudios que relacionan los contenidos de violencia en los medios con los comportamientos violentos de los televidentes. En los pasados cuarenta años más de 3,500 estudios de investigación sobre los efectos de la violencia televisiva en los espectadores han sido realizados en los Estados Unidos; durante la década de 1990 han circulado muchas revistas con este tipo de literatura, incluyendo el informe de 1991 del

Centers for Disease Control, que declaró a la violencia televisiva como enfermedad de riesgo público. El estudio de 1993 sobre la violencia en la vida norteamericana de la National Academy of Science, que incluía a los medios junto con otros factores sociales y psicológicos como cooperantes a la violencia; y el estudio de la American Psychological Association de 1992, que también incluía la violencia en los medios, sustentó la conclusión de que los medios masivos contribuyen a conductas y actitudes agresivas y propician la desensibilización y el miedo (Wartella, 1998).

Los investigadores también han planteado la posibilidad de que la presentación de contenidos violentos en los medios no es la causante de las respuestas violentas en el público, sino que las imágenes de violencia simplemente refuerzan los niveles de violencia que los espectadores poseen de antemano. Las verdaderas causas de la violencia en los individuos son los valores sociales y culturales, las características de la personalidad, la influencia de la familia, etc. Así, la percepción de contenidos violentos en los medios simplemente reforzará los patrones de conducta previamente establecidos en el sujeto por otras instituciones sociales como la familia, la escuela, los pares, entre otros (Casas, 1998).

Collingnon (2003) plantea nuevas concepciones sobre la relación medios-audiencia que coinciden en reconocer y privilegiar la existencia de audiencias activas capaces de reinterpretar, transformar y apropiarse de los mensajes provenientes de los medios masivos de comunicación.

Considera que en la medida en que las audiencias desarrollen capacidad crítica independientemente de los contenidos de violencia en los medios, los espectadores tendrán capacidad de tomar distancia, de tal forma que los medios no tendrán efectos significativos sobre sus comportamientos.

En el año 2000, se encontró que los niños que observan a sus padres utilizar la violencia y que reciben castigos violentos, tienen mayor riesgo de desarrollar relaciones abusivas como adultos. El estudio longitudinal se realizó con un grupo de niños luego de cumplir 20 años. Un grupo de investigadores de la Universidad de Columbia junto al Colegio de Médicos y Cirujanos del Instituto Psiquiátrico de Nueva York estudiaron 543 niños seleccionados al azar en 1975. Los niños y sus madres fueron entrevistados por separado en tres entrevistas de seguimiento (1983, 1985-86 y 1991-93) con relación a factores demográficos, psiquiátricos y psicosociales. En 1999 les fue enviado un cuestionario sobre cambios de vida, historial de trabajo, conducta agresiva, relaciones de pareja y violencia (Cohen y Walthall,2003).

Las investigaciones revelaron que los problemas de conducta en los niños son indicadores importantes de la violencia futura en la pareja y que la exposición a la violencia en los padres y el castigo severo son factores de riesgo que parecen predecir la violencia posterior. Los niños aprenden las lecciones de coerción y solución agresiva de conflictos en las relaciones íntimas y las generalizan a sus propias relaciones. El castigo de las madres sirve como modelo de la expresión de agresividad. Esta aceptación de la coerción y las normas de poder como formas de regular el conflicto puede tener implicaciones directas en los medios que utilizan los jóvenes adultos para solucionar sus problemas con sus pares, independientemente de que exista o no un desorden emocional (Ehrensaft, 2000). El estudio indicó, además, que un historial de abuso físico por la persona que cuida parece aumentar las posibilidades de que utilicen tácticas similares de resolución de conflicto en sus relaciones cercanas con adultos. Encontraron que la conducta violenta hacia la pareja es difícil de cambiar y que es necesario desarrollar programas de prevención que identifiquen los riesgos de violencia antes del desarrollo adulto.

**Efectos de la violencia en niños y jóvenes**

De Jesús (2005) indica que la violencia tiene sus efectos en los niños y jóvenes que viven en un ambiente familiar impregnado de la misma. El autor sostiene que los efectos son observables tanto en el desarrollo social y de crecimiento, así como en el aprovechamiento académico. Según las investigaciones realizadas, el maltrato físico y emocional en el hogar infligido por madres, padres o tutores puede reducir en los niños las posibilidades de graduarse de colegio (Strauss y Colby, 2001) y la frecuencia del maltrato está asociada al rendimiento académico de estos menores (Strauss, 2002).

Trianes (2000) menciona que "en la adolescencia el maltrato entre compañeros (*bullying*) puede generar reacciones negativas, irritabilidad, pánico, memoria repetida del episodio y falta de concentración; la victimización física y la subordinación psicológica también se correlacionan con sentimientos de depresión, baja autoestima, soledad y ansiedad, fracaso y dificultades escolares".

La violencia, que se manifiesta de muchas formas, como el castigo, la privación, el abandono, el sometimiento, la sobre exigencia, la discriminación, adquiere un denominador común: el desconocimiento del otro, su deshumanización y el avasallamiento de su singularidad y por lo tanto, de sus derechos (Centro Reina Sofía, 2005). La víctima y el agresor están unidos uno al otro por una larga y compleja relación de exigencias y necesidades recíprocas que pueden generar hostilidad, frustración y maltrato (Centro Reina Sofía, 2005). Las investigaciones revelan que al cabo del tiempo la continuidad del hostigamiento provoca en las víctimas una serie de daños psicológicos como son: la disminución de su autoestima, estados de ansiedad, cuadros depresivos e incluso cuadros de estrés postraumático infantil, que perjudican y dificultan su evolución e integración en el medio escolar (Rugby, 2003).

Cohen (2003) señala que a menudo la violencia es una realidad muda: los niños son demasiado pequeños para hablar de la violencia que hay en sus vidas o están demasiado asustados para mencionarla. Es posible que los adultos hagan como si no existiera o prefieran no hablar de ella con los niños que tienen bajo su cuidado. La realidad de la violencia permanece oculta. Este silencio puede corroer la infancia y la adolescencia, desgastando la confianza que necesitan sentir y destruyendo las relaciones importantes que necesitan establecer en sus primeros años. "Los sucesos de agresión inexplicada, marcan a algunos niños y jóvenes para siempre. La preocupación de que siempre hay una capa oculta de verdad escondida debajo de la fachada de "agrado" puede dejar huellas y una inseguridad permanente sobre hasta dónde les es posible confiar en otras personas y en sí mismos" (Simmons, 2006).

Los estudiantes que son víctimas de intimidación sufren efectos a corto y largo plazo al ser atormentados (Lamber, 1997, citado en Santrock, 2005). A corto plazo se deprimen, pierden interés en el trabajo escolar o incluso evitan ir a la escuela. Los efectos de la intimidación pueden persistir en la edad adulta. Olweus (1998) señala "en un estudio longitudinal de víctimas que fueron intimidados en la niñez, se encontró que en sus años veinte estuvieron más deprimidos y tuvieron menos autoestima que sus contrapartes que no habían sufrido intimidación alguna".

Los agresores también sufren los efectos del problema, dado que los patrones de conducta agresivos y disruptivos que muestran pueden mantenerse y generalizarse. Los agresores se acostumbran a vivir abusando de los demás, lo que impide que se integren de forma adecuada en la vida escolar. Además, si no se controla a tiempo, pueden trasladar ese comportamiento despiadado y cruel a otros lugares de convivencia y a otras relaciones sociales, lo que termina acarreando graves trastornos de integración social que puede ser la antesala de futuras conductas delictivas. En el ámbito académico, los agresores no ponen atención a sus tareas y su aprendizaje se resiente, lo que suele también provocar tensiones, indisciplina e interrupciones en la dinámica escolar (Trianes, 2000).

Abramovay (2005) sostiene que investigaciones realizadas del 2000 al 2004 evidenciaron que existe una relación directa entre la violencia y el bajo rendimiento escolar. Díaz-Aguado (2005) confirma ampliamente el hecho de que las escuelas producen resultados menos satisfactorios cuando los profesores y otros miembros del equipo técnico hacen uso de la violencia simbólica y de la violencia física contra alumnos y colegas, generando así un círculo vicioso y una cultura de fracaso y de abandono de la escuela. Sostiene la autora, que las diversas tipologías de violencia afectan el orden, la motivación, la satisfacción y las expectativas de las personas en sus relaciones mutuas y tienen efectos muy plausibles sobre las escuelas que están relacionados con el fracaso de sus propósitos y de sus objetivos más amplios de educación, de enseñanza y de aprendizaje.

Las situaciones violentas más comunes no necesariamente corresponden a la agresión física, sino que cada vez es más frecuente la intimidación entre iguales, el aislamiento, las amenazas y los insultos utilizando distintas vías, como el teléfono, Internet, chat o blogs, donde se expone a la víctima públicamente, la mayoría de las veces en forma anónima (Martínez, en prensa).

## Existencia de *bullying* en las escuelas

Dadas las diferencias metodológicas en los estudios realizados en las distintas épocas, es muy difícil asegurar que los problemas de los agresores y de las víctimas se hayan producido con mayor frecuencia en los últimos años. No obstante, algunos signos directos indican que el acoso en las escuelas adquiere formas más graves y tiene mayor relevancia hoy que hace 10 ó 15 años ya que son más graves de lo que se asumía con anterioridad, mereciendo una seria atención (Olweus, 1998).

Los estudios de Olweus establecen que un 15% de los alumnos de escuelas de educación primaria y secundaria en Noruega durante el curso escolar del año 1983 al 1984, estaban implicados en problemas de agresión al menos "de vez en cuando", como agresores en un 7% o como víctimas en un 8% y un 5% estaba involucrado en el maltrato más grave, cuya frecuencia era de al menos "una vez por semana" (Olweus, 1998). Los estudios de Whitney y Smith (1993) en Inglaterra a finales de la década de 1980 referentes a niños de Enseñanza Secundaria reflejan que un 10% manifestaba haber sido agredidos "alguna vez" y el 4% "una vez a la semana", mientras que el 6% había agredido "alguna vez" y el 1% agredía "una vez a la semana" a otros estudiantes.

En Escocia, se realizó en 1990 el primer estudio de incidencia de abuso entre iguales con niños entre 12 y 16 años, encontrándose cifras muy similares a las de Inglaterra. El 3% era maltratado al menos "una vez por semana" y el 6% "a veces o con una frecuencia mayor"; el 4% agredió a otros "a veces o con una frecuencia mayor" y 2% "una vez por semana" (Mellor, 1990).

La literatura internacional relativa al fenómeno del *bullying* afirma que, si bien coexisten diferentes concepciones, hay acuerdo en considerar el fenómeno como una subcategoría de la agresión (Olweus, 1993, citado en Espelage y Swearer, 2003). También existe consenso en reconocer que una persona es agredida por sus pares cuando está expuesta repetidamente, durante un tiempo, a acciones negativas por parte de uno o más estudiantes (Olweus, 1993). Los estudios realizados por Smith y Sharp (citados en Espelage y Swearer, 2003) revelan que se está agrediendo o maltratando a un estudiante cuando otro le dice cosas repugnantes y desagradables; también cuando se golpea a un estudiante, se le da patadas, se le amenaza, se le encierra con llave en un cuarto, se le envían cartas desagradables y cuando nadie le habla.

El maltrato entre iguales (*bullying*) suele ser mal conocido por el personal escolar y cuenta con cierto grado de permisividad e indiferencia, desconociendo las consecuencias negativas que estas conductas pueden llegar a tener en quienes las realizan y las padecen. Quizás se deba a una cierta "naturalización" del fenómeno al concebirlo como habitual entre los jóvenes (Viscardi, 2003). Se puede considerar el fenómeno del *bullying* como una forma grave y específica de conducta agresiva hacia individuos determinados (Cerezo, 2001). En las instituciones donde este fenómeno está arraigado, constituye una causa mayor de deserción.

**Características de los agresores**

Con respecto a la personalidad del alumno, se han investigado tanto los rasgos físicos como los psicológicos. En lo referente al primero, las conclusiones no son consistentes. El único rasgo físico que Olweus identificó con el de agresor y de víctima es, respectivamente, el de mayor fuerza física que ejerce el primero sobre el segundo. Otras investigaciones han correlacionado la gordura, los trastornos del habla y la discapacidad física con la de víctima (Olweus, 1978).

En cuanto a los rasgos psicológicos del agresor, distingue entre el agresor activo, que arremete directamente contra sus víctimas, del agresor social indirecto, que es el que induce a otros a la violencia. Caracteriza la personalidad de la víctima las escasas habilidades sociales, bajos niveles de popularidad, baja autoestima y auto imagen, lo que le lleva a considerarse inferior a los demás e incapaz de defenderse (Olweus, 1998).

Una característica distintiva de los agresores típicos es su belicosidad con los compañeros. Pero a veces los agresores también se muestran belicosos con los adultos, tanto con los profesores como con los padres. En general, tienen una mayor tendencia hacia la violencia y el uso de medios violentos que los otros alumnos. Además, suelen caracterizarse por la impulsividad y una necesidad imperiosa de dominar a otros. Tienen poca empatía con las víctimas de las agresiones. Es frecuente que tengan una opinión relativamente positiva de sí mismos (Olweus, 1993). Si son varones, suelen ser más fuertes físicamente que los demás y en particular, más que sus víctimas. Olweus (1998) destaca también la existencia de alumnos que participan en las intimidaciones pero que normalmente no toman la iniciativa, al que les llama agresores pasivos, seguidores o secuaces. Es probable que un grupo de agresores pasivos sea muy heterogéneo y que contenga alumnos inseguros y ansiosos (Olweus, 1978). También describe a los agresores típicos como aquellos que tienen un modelo de reacción agresiva combinado con la fuerza física (cuando se trata de varones).

Bandura (1973) indica que las fuentes psicológicas que fortalecen la conducta agresiva (modelo que aparece en los resultados de las investigaciones) señalan tres motivos, relacionados entre sí. En primer lugar, quienes intimidan y acosan sienten una necesidad imperiosa de poder y de dominio; parece que disfrutan cuando tienen el control y necesitan dominar a los demás. En segundo lugar, se consideran las condiciones familiares en las que han crecido muchos de ellos, por lo que se desarrolla un grado de hostilidad hacia el entorno. Tales sentimientos e impulsos pueden llevarles a sentir satisfacción cuando producen daño y sufrimiento a otros individuos. Por último existe un componente de beneficio en su conducta. Los agresores a menudo obligan a sus víctimas a que les den dinero, cigarrillos, cervezas y otras cosas de valor.

También se puede entender el acoso y las amenazas entre escolares como un componente de un modelo más general de comportamiento antisocial opuesto a las normas (desorden de conducta). Desde esta perspectiva es natural predecir que los jóvenes que son agresivos e intimidan a otros corren el riesgo claramente mayor de caer más tarde en problemas de conducta, como la delincuencia o el alcoholismo (Informe Mundial sobre la Violencia y la Salud, 2003).

**Características de las víctimas típicas**

De acuerdo a Olweus (1993 y 1998), las investigaciones han dibujado una imagen relativamente clara de las víctimas típicas. Es una imagen que se aplica a ambos sexos por igual; sin embargo, hasta el presente la agresividad intimidatoria entre el sexo femenino se ha estudiado mucho menos.

Las víctimas típicas son alumnos más ansiosos e inseguros que el resto. Además, suelen ser cautos, sensibles y tranquilos. Cuando se sienten atacados, normalmente reaccionan llorando y alejándose. Asimismo, padecen una baja autoestima, y tienen una opinión negativa de sí mismos y de su situación. Es frecuente que se sientan fracasados y se sientan torpes, avergonzados o faltos de atractivo.

En la escuela están solos y abandonados. Lo normal es que no tengan ni un solo amigo en la clase. Sin embargo, no muestran una conducta agresiva ni burlona, y por tanto el acoso y la intimidación no se pueden explicar por las provocaciones a que las propias víctimas pudieran someter a sus compañeros. Del mismo modo, estos niños suelen tener una actitud negativa ante la violencia y el uso de medios violentos. Si se trata de varones, lo más probable es que sean más débiles que los otros en general (Olweus, 1978). Otra forma diferente que Olweus ha descrito a las víctimas pasivas es que las ha caracterizado por un modelo de ansiedad y de reacción sumisa combinado con una debilidad física. A este tipo de víctima le ha llamado víctimas pasivas o sumisas.

Investigaciones realizadas por Mooij (1997) señalan como rasgos frecuentes en la víctima niveles altos para ser intimidado directa, regular y frecuentemente y para ser intimidado indirectamente y excluidos por sus compañeros (especialmente en el caso de las féminas). También suelen ser sujetos identificados fácilmente como víctimas y ser menos apreciados. El papel de víctima se reparte en porciones iguales entre sexos aunque muchas investigaciones dicen que existen más varones implicados (Defensor del Pueblo, 1999) o similar número (Ortega, 1994).

Según investigaciones de Cerezo (2001), los sujetos víctimas por lo general son varones, algo menores que los *bullies*, más débiles físicamente y suelen ser el blanco de los agresores. Sus compañeros los perciben débiles y cobardes. Ellos mismos se consideran tímidos, retraídos y con alta tendencia al disimulo. Muestran escaso autocontrol con sus relaciones sociales. Perciben su ambiente familiar excesivamente protector y su actitud hacia la escuela es pasiva. Presentan sentimientos de vergüenza y de degradación que renuncia a admitir su situación públicamente.

Muchas veces el maltrato escolar entre pares pasa inadvertido por los profesores, inspectores y padres, permitiendo que el grupo de intimidadores actúe libremente y en forma reiterada, provocando serias repercusiones en la conducta de la víctima (Avilés, 2000; Olweus, 1998).

Olweus (1993) señala que las víctimas son quienes sufren las consecuencias más importantes, ya que puede desembocar en fracaso y dificultades escolares, niveles altos de ansiedad, insatisfacción, fobia de ir al colegio, riesgos físicos y, en definitiva, conformación de una personalidad insegura e insana para el desarrollo correcto e integral de la persona. También indica que las dificultades para salir por sus propios medios de la situación de ataque, provocan efectos tales como descenso de la autoestima y estados depresivos, con la consiguiente imposibilidad de integración social y académica.

## Características de los observadores

Según Avilés y Monjas (2005), en gran parte de los actos de *bullying*, el agresor o los agresores atacan a sus víctimas en presencia de otros compañeros que contemplan lo que sucede quedándose al margen, sin intervenir. Son los denominados observadores, espectadores o testigos. Olweus (1993) ha interpretado la falta de apoyo de los compañeros hacia las víctimas como el resultado de la influencia que los agresores ejercen sobre los demás. Según, el Informe del Defensor del Pueblo (1999), tanto los adultos como los jóvenes se comportan de forma agresiva después de observar un acto de agresión. En el caso del maltrato entre iguales, se produce un contagio social que inhibe la ayuda e incluso fomenta la participación en los actos intimidatorios por parte del resto de los compañeros que conocen el problema, aunque no hayan sido protagonistas inicialmente del mismo. Este factor es esencial para entender la regularidad con la que actos de esta índole pueden producirse bajo el conocimiento de un número importante de observadores que, en general, son los compañeros y no los adultos del entorno de los escolares. En otros casos, se ha demostrado que es el miedo a ser incluido dentro del círculo de victimización y convertirse también en blanco de agresiones lo que impide que los compañeros sientan que deben hacer algo.

Olweus (1998) afirma que como consecuencia para los observadores, la desensibilización ante el sufrimiento de otros, se produce por ir contemplando acciones repetidas de agresión en las que no son capaces de intervenir para evitarlas. Con ello, se establece una base para valorar las conductas agresivas como importantes y respetables. En Puerto Rico, recientemente apareció en la portada del periódico *El Nuevo Día*, un titular que sorprendió a la comunidad académica, "Avalancha de peleas en la red". Según la reseña, ocurre un fenómeno relativamente reciente en la isla: la grabación de peleas entre estudiantes a través del teléfono celular.

A los pocos días, la pelea se encontraba disponible en páginas de Internet como YouTube, My Space o Facebook. Los escenarios de tales eventos son los estacionamientos en la escuela, la calle y el patio escolar. En los videos se pueden identificar a los menores, con uniformes escolares, peleando a golpes y hasta policías observando la riña.

El periodista describió la escena de la siguiente manera: "Dos estudiantes discuten. Una de las chicas se abalanza sobre la otra, la agarra por el pelo, le abofetea, le dice "a mí nadie me jo . . . ¿oíste?" Y, tras golpearla, zarandearla y arrastrarla por el asfalto del estacionamiento escolar durante un minuto que parece eterno, la deja arrodillada en el suelo, sin blusa. Alrededor de la escena, varios estudiantes, mayormente varones, observan exacerbados, gritando . . ."no se metan", "métele duro", "en la cara" . . . alguien graba todo lo que ocurre en su teléfono celular.

"La violencia está ahí y las escenas en You Tube son solo una evidencia adicional de lo que está pasando," sostuvo la psicóloga Ileana Surillo, según señala la reseña periodística. El año pasado, según estadísticas provistas del Departamento de Educación (DE), se reportaron 1,406 incidentes de violencia entre estudiantes en las 1,523 escuelas públicas del País. De estas, 758 fueron agresiones físicas. Las cifras revelan un aumento de 336 casos en comparación a los 1,070 ocurridos en 2005. El ex-secretario del Departamento de Educación y sociólogo César Rey afirmó en prensa, "Las culturas van plasmándose a través de símbolos y la tecnología es un símbolo muy importante. Este no es un fenómeno extraño. Vivimos inmersos en una violencia que consentimos".

**Investigaciones**

El estudio del maltrato entre iguales surge al norte de Europa en 1973, a raíz de los trabajos de Olweus, que hacen que el Ministerio de Educación noruego implante una campaña de reflexión y prevención de estos hechos. En países como Suecia (estudios ligados a la figura de Olweus), desde principio de los años setenta se llevan a cabo investigaciones nacionales sobre estudiantes de enseñanza intermedia referentes al consumo de sustancias y a situaciones de agresión. Luego de la década de 1970 Olweus compara los resultados obtenidos en tres zonas de Suecia (17,000 sujetos) con las tres principales ciudades noruegas, en los que obtiene resultados similares, aunque concluye que en Suecia el problema es de mayor gravedad. Igualmente en Estados Unidos e Inglaterra avanzan las investigaciones sobre las conductas agresivas en los ámbitos escolares, como por ejemplo, la Investigación Nacional para los Delitos de Victimización, en Estados Unidos. En Inglaterra desde la década de 1980 se publican trabajos sobre *bullying* obteniendo gran relevancia científica y social. El interés surge a raíz de varios suicidios de escolares que coinciden con la aparición de trabajos publicados sobre el tema, con la traducción al inglés de la obra de Olweus y la publicación del informe *The Elton Report* (1989). Aunque no se tomaron medidas inmediatas a escala ministerial la Fundación Gulbelkian constituyó un grupo de trabajo "*Bullying* in the Schools", que diseñó y llevó a cabo el proyecto anti-*bullying* de Sheffield (Smith y Sharp, 1993). En el estudio de Sheffield, se utilizó el cuestionario de Olweus, modificado y adaptado a la edad y las características de la población inglesa. Los resultados fueron similares a estudios anteriores.

En Holanda, Mooij (1994) investigó 66 escuelas de primaria y secundaria y encontró que los estudiantes agresores no son víctimas asiduas a su vez de otros estudiantes. A raíz de este estudio, en el 1995 el Ministerio de Educación, Cultura y Ciencia comenzó una campaña nacional: "Preventing and Combating Violence in Schools" cuyo objetivo era estimular el conocimiento entre los estudiantes del comportamiento sociable y respaldar los intentos de las instituciones y los profesionales de hacer las escuelas lugares más seguros. Por esta iniciativa se introdujo una línea telefónica de ayuda nacional para asesorar en momentos de crisis a padres, estudiantes y escuelas; se desarrollaron instrumentos para medir los problemas de intimidación y violencia en las escuelas, se facilitó información sobre modelos de reducción y enfoques adecuados para la escuela, se auspició la celebración de la Conferencia de la Comunidad Europea "Escuela más segura", en febrero de 1997, así como la difusión de materiales, tirillas cómicas y otros recursos educativos. En el año 2000, se realizó un estudio para comprobar la eficacia de la campaña emprendida, para lo que se administró un cuestionario a 4,159 estudiantes en el cual se concluyó que las conductas de perturbación en la escuela, violencia emocional y personal y el daño intencional habían bajado (Mooij, 2005). En Escocia, Mellor (1990) realizó un estudio en el que se encontró que el 6% de las féminas y el 11% de los varones habían sido victimizados. Este primer trabajo dio lugar a otro posterior, con apoyo institucional, que investigó una muestra de 942 estudiantes siguiendo la metodología que usó Olweus en Noruega y Suecia, del que resultó que un 6% de los estudiantes escoceses habían sufrido intimidación y un 4% reconocían haber agredido a sus compañeros (Ortega, 2000).

En Irlanda se realizan los primeros estudios en Dublín por O´Moore (1998) y O´Moore y Hillery (1989). Más tarde se llevó a cabo un estudio nacional realizado por O´Moore, Kirkham y Smith (1996) cofinanciado por el Ministerio Irlandés de Educación y por la Gulbenkian Foundation (Defensor del Pueblo, 1999). En Italia, las primeras exploraciones fueron realizadas por Basilisco en 1989, en la que el 20% de los 500 encuestados declaraban tener malos tratos entre compañeros. En el año 1996, Fonzi, Menesini, Costabile, Genta y Smith investigaron escuelas del centro y sur de Italia, encontrando niveles muy elevados de *bullying* (Baldry, 2005). Esto trajo consigo una sensibilización ante el fenómeno y en estudios posteriores, recogidos por Fonzi (1997), se tomaron muestras de otras zonas de la península que corroboraron las altas cifras del primer estudio.

Japón es uno de los países que más atención ha dedicado al problema de *bullying,* iniciada en la década de los años 1970 con una amplia preocupación de los profesores de secundaria por el problema de la violencia escolar, alcanzando crisis al suicidarse 16 estudiantes de secundaria (Ortega et al., 2000). En el trabajo de Hirano (1992), se describe el problema destacando que solo el 33% de estudiantes cree que no intimidaría a un compañero;

pero lo más crítico del caso japonés es que raramente se habla del problema con los adultos, lo que dificulta la posibilidad de reducir los niveles de *bullying* y puede explicar los numerosos casos de trastornos somáticos que padecen los estudiantes japoneses (Mora—Merchán, 1997).

En el caso de Australia, se destacan los investigadores Rigby y Slee que con sus trabajos de 1991 y 1993 inauguraron los estudios sobre el maltrato entre escolares. A esta investigación le siguió una iniciativa del gobierno federal conocida como "Sticks and Stones", un informe sobre la violencia escolar en las escuelas australianas a gran escala en el que se encuestó a 39,000 estudiantes entre las edades de 7 y 17 años, arrojando que no menos del 19% de ellos declararon haber sido intimidados. Aunque encontraron que disminuía con la edad, resurgía el problema al comienzo de la escuela secundaria (Rigby et al., 2005).

En otros países europeos surgen investigaciones no siempre específicas de *bullying* y no siempre de alcance nacional. Así ocurre en Alemania, donde las principales investigaciones sobre el *bullying* son de alcance local o del estado, ya que el gobierno tiene transferidas las competencias educativas a los *länder* (estados federados que componen los países de Alemania y Austria). En Francia existe una clara tendencia a relacionar las conductas agresivas con aquellas que están tipificadas en el código penal como conductas delictivas. En España no hubo estudios estatales hasta el del Defensor del Pueblo (1999) y el problema había sido tratado hasta entonces en investigaciones locales (Viera, Fernández y Quevedo 1989, Cerezo, 1992 y Ortega, 1994 y 1997) o autonómicas (Ortega, 1998) citado en Serrano, (2005).

En Estados Unidos se realizan investigaciones sobre conductas agresivas en el escenario escolar, tales como la Investigación Nacional para los Delitos de Victimización. Se han logrado realizar numerosos estudios a gran escala y con mediciones en diversos años, lo que ha facilitado la observación de variaciones en el tiempo (Wordes y Nuñez, 2002). En una de estas investigaciones pudo observarse que el 12.2% de los estudiantes encuestados dijo haber sufrido algún tipo de victimización en los pasados 12 meses (National Center for Education Statistics, 2002). En otro estudio, se pudo constatar a través de la década pasada, una disminución de la tasa de victimizaciones reportadas en los últimos seis meses. Si se compara la tasa de 1992 con la del año 2000, se comprueba una disminución de alrededor del 50%. Sin embargo, se mantiene el porcentaje (7%) de estudiantes que reportan haber sido amenazados en los últimos 12 meses (National Center for Education Statistics & Bureau of Justice Statistics, 2002). El Informe preparado por el National Center for Education Statistics "Indicators of School Crime and Safety" en el 2006, evidencia que los actos violentos han mermado y la discriminación entre estudiantes ha disminuido a la mitad (del 10 %).

Entre los estudios que con mayor rigor se han ocupado del tema se destaca *Violencia en las escuelas* (Abramovay, 2005). Llevado a cabo en las 14 capitales de los estados de Brasil, *Violencia en las escuelas* se basó en las percepciones de los alumnos, de los padres, de los profesores, de los directores y de los funcionarios de las escuelas públicas y particulares. Dicho estudio permitió la construcción de un mapa de los tipos de violencia registrados en los establecimientos escolares. Con la finalidad de obtener una comprensión más profunda del universo escolar y de los puntos de vista de los diversos participantes, el estudio decidió utilizar el concepto amplio de violencia, que incorpora las nociones de maltrato y de uso de la fuerza o de la intimidación, así como los aspectos socioculturales y simbólicos del fenómeno. En la siguiente tabla, se resume algunos estudios de investigación más relevantes a nivel internacional.

## ESTUDIOS DE INVESTIGACIÓN SOBRE BULLYING

| PAISES | ESTUDIOS/INFORMES | HALLAZGOS |
|---|---|---|
| AMÉRICA DEL NORTE | | |
| Estados Unidos | Informe "Indicators of School Crime and Safety" del National Center for Education Statistics | En el 2006 los actos violentos han reducido y la discriminación entre estudiantes ha disminuido a la mitad (10 al 5%). Hoover, Oliver y Hazler 1992 encontraron que el 21.3% eran víctimas y el 11.6% agresores. Y el 92% de estudiantes admitió haber visto actos de acoso escolar. |
| Cánada | Pepler / Toronto 1991 | Casi la mitad de la muestra había padecido de intimidación. |

| | | | |
|---|---|---|---|
| | | Pepler/ Craig 1995 | Mediante el método observacional a través de cámaras y video y micrófonos inhalámbricos. Encontró que junto a agresores y víctimas hay presentes otros estudiantes. |
| IBEROAMÉRICA | | Existen pocos estudios sobre violencia escolar | |
| | Nicaragua | Department for International Development from United Kingdom | Altas cifras de maltrato cruel: violencia física, robos y abusos sexuales, parecen estar influenciadas por factores culturales y socioeconómicos. |
| ASIA | | | |
| | Japón | Le ha dado mucha atención a este tema, desde los años 70'. Hirano 1992, realizó el primer estudio. | El 33% de los estudiantes cree que no intimidaría a otro. Es raro que se hable del bullying con un adulto. El 80% de las víctimas y el 90% de agresores reconoce que no hablan con sus padres sobre el tema. El 70% del acoso escolar es de estilo psicológico. |
| OCEANÍA | | | |

| | | |
|---|---|---|
| Australia | Se destacan Rigby y Slee / 1991 y 1993, estudios sobre el maltrato entre escolares. Le siguió una iniciativa del gobierno federal "Sticks and Stones", mediante la cual se encuestaron a 39,000 estudiantes de 7 a 17 años. | No menos del 19% declaraban ser víctimas, aunque disminuía con la edad, con un resurgimiento al comienzo de la escuela secundaria. |
| EUROPA | | |
| Finlandia | En los años 70', Lagerspetz, realiza una investigación sobre incidencia, luego sobre la competencia social y la autoestima de los implicados. | Salmivalli 1996, encontró que casi todos los estudiantes están inmersos de alguna forma y luego en el 1998, se interesa por la intervención y prevención desde su perspectiva grupal. |
| Noruega | A inicios de los años 70'Dan Olweus de la Universidad de Bergen, dirigió 3 estudios: Estudio Nacional de Noruega; 1970 un estudio con 990 estudiantes. Otro estudio comparó los resultados obtenidos. | Obtiene resultados similares, aunque concluye que Suecia tiene el problema de mayor gravedad. |
| Islas Británicas Irlanda | En Dublín, en 1989 se realiza estudio por O'More. Más tarde se financia por el Ministerio Irlándes de Educación. | |

| | | |
|---|---|---|
| Escocia | Mellor 1988 realiza estudio, luego tuvo apoyo institucional, replicando estudio de Olweus. | El 6% de las féminas y el 11% de varones han sido víctimas. En el 2do estudio el 6% de estudiantes escoseces han sido víctimas y el 4% agresor/a. |
| Inglaterra | Desde los años 80' se publican trabajos sobre bullying obteniendo gran relevancia científica y social. El intéres surge a raíz de varios suicidios que coinciden con trabajos publicados sobre el tema. Se traduce la obra de Olweus y el informe de Elton Report 1989. | La Fundación Gulbelkian constituyó un grupo de trabajo "Bullying in the Schools" que diseñó y llevó a cabo el Proyecto Anti-bullying the Sheffield. En este estudio se utilizó el cuestionario de Olweus modificado y adaptado a la población inglesa. |
| EUROPA CENTRAL | | |
| Alemania | Funk 1997, Losell y Bliesener 1999 | No existe estudios a nivel nacional, ya que el gobierno tiene transferidas las competencias educativas a cada Lander. |
| Suiza | Molli 1992 es el primero seguido en 1994 por Woringer. | Arrojan resultados similares al resto de Europa. |

| Holanda | Tom Mooij, es el investigador más destacado (1992). | Los agresores no son víctimas asiduas a su vez de otros estudiantes. En el 1995, el Ministerio de Educación, Cultura y Ciencia comenzó la campaña nacional: "Preventing and Combating Violence in Schools". Esta iniciativa introdujo una línea telefónica de ayuda nacional para asesorar en momentos de crisis a padres, estudiantes y escuelas. Se desarrollaron instrumentos para medir bullying, se auspició la Conferencia de la Comunidad Europea "Escuela más segura" en 1997. En el año 2000, mediante un estudio se comprobó la eficacia de la campaña. |
| --- | --- | --- |
| EUROPA MEDITERRANEA | | |
| Italia | Basilisco 1989 Genta, Menesini, Fonzi, Costabile y Smith | Los resultados evidenciaron niveles elevados de bullying. |
| Portugal | El estudio fue dirigido por el Profesor Smith (1993), en la Universidad de Minho en Braga. | Los resultados fueron coherentes con estudios europeos anteriores. |

# CAPITULO IV

## Perspectiva en el Escenario Escolar

$L$a violencia escolar en Puerto Rico ha tenido una gran visibilidad, especialmente en los medios de comunicación, que colocan a la escuela como un lugar donde los estudiantes conviven en un ambiente donde se suscitan situaciones de violencia. Es importante conocer el ambiente escolar al que están expuestos los jóvenes, la forma en que se enfrentan y asumen las normas, cómo las siguen para convivir y sobrevivir y cómo es su participación en la construcción de la vida cotidiana. Los datos arrojados en esta investigación han permitido conocer las características, actitudes, acciones y formas de vivir de los estudiantes.

A continuación se discutirán los hallazgos del estudio "Las voces en la adolescencia sobre *bullying:* Perspectiva en el escenario escolar". Este estudio se realizó con el propósito de conocer la naturaleza e incidencia del fenómeno del maltrato entre estudiantes (*bullying),* sus formas más recurrentes, los sentimientos suscitados entre estudiantes y las estrategias utilizadas para manejar el *bullying* en el escenario escolar. A tales fines, se administró un cuestionario estructurado, el cual incluía 19 reactivos con preguntas cerradas y una pregunta abierta, para un total de 20. Esta última pregunta (abierta) se presentó con el propósito de indagar qué harían los estudiantes si la solución del problema estuviera en sus manos.

La muestra bajo estudio fue de 716 estudiantes de nivel intermedio (séptimo a noveno grado) del sistema público del Departamento de Educación de Puerto Rico, de los pueblos de

San Juan, Carolina y Trujillo Alto. Los estudiantes participantes accedieron a participar en el estudio de forma voluntaria. El estudio se estructuró y desarrolló en dos etapas. La primera etapa consistió en validar y administrar el cuestionario al grupo piloto, el cual contó con la participación de diez estudiantes. El propósito de la primera etapa era corregir las inconsistencias encontradas, si alguna, y validar el cuestionario para proseguir con la segunda etapa del estudio. La segunda etapa consistió en administrar, recopilar datos, clasificar, analizar e interpretar los resultados de la muestra.

El desarrollo de la segunda etapa se construyó a partir de la administración del cuestionario a 716 estudiantes. La administración en esta etapa fue una réplica del proceso seguido con el grupo piloto, por lo que nos dedicaremos a presentar los hallazgos de la muestra general, en esta segunda etapa de la investigación. Es necesario señalar que los hallazgos en esta segunda etapa son muy similares a los resultados del grupo piloto.

Al igual que otras investigaciones, los datos recopilados en este estudio ponen de manifiesto atribuciones causales diferentes dependiendo de la posición que el encuestado ocupe (agresor, víctima u observador) en la dinámica del *bullying* (Rigby, 2002). Los hallazgos de este estudio revelan que los estudiantes perciben el maltrato de diversas formas debido a que no tienen conocimiento sobre el fenómeno, ni de lo que es, ni lo que envuelve el *bullying*. Sin embargo, los datos arrojados en el estudio evidencian que los estudiantes perciben que el *bullying* existe, que es un problema que se puede resolver y que está en las manos de la administración escolar establecer estrategias para lidiar con la situación de manera efectiva. A continuación se presentan los resultados obtenidos en cada reactivo del cuestionario.

**Características socio demográficas**

Las características socio demográficas es la primera dimensión de análisis que se incluye en el estudio, ya que es un aspecto necesario para entender la conducta violenta. Además, es importante identificar rasgos demográficos y sociales que abordan la conducta para lograr una adecuada comprensión del fenómeno.

Los resultados relacionados a las variables socio demográficas en el estudio, consisten en las variables de género, grado, edad, con quién vive y número de hermanos en el hogar. Los resultados del estudio reflejan que en su mayoría estos están constituidos en general por jóvenes cuyo género es femenino (56.8%) versus el género masculino (39.9%). Ambos géneros matriculados estaban en su mayoría en 8vo grado. La familia, según se presenta en la gráfica siguiente, está compuesta en su mayoría por la madre como jefa de familia, (52.1%), seguido de ambos padres (33.4%). En relación al núcleo familiar, el mismo está compuesto de tres o más hermanos (49.6%), según se desprende de los datos recopilados en el cuestionario. La distribución por edad en la muestra fluctuó entre los 12 a 16 años de edad y la edad más representativa es 14 años de edad.

**Características Socio demográficas más sobresalientes**

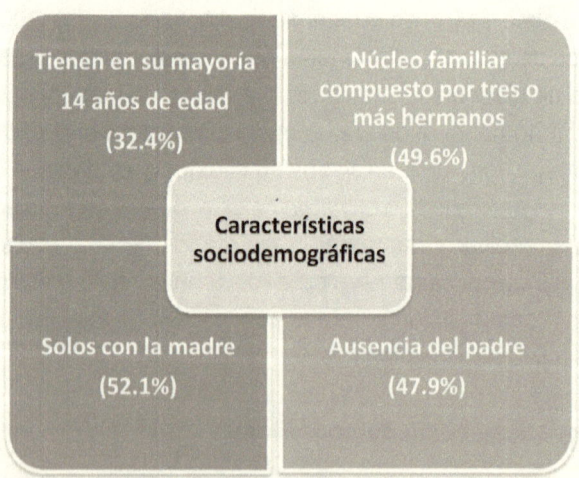

La ausencia de una relación afectiva cálida y segura con el padre se desprende como una de las características principales de la familia, destacándose que la gran mayoría (52.19 %) informaron vivir con la madre solamente.

En las últimas décadas, Puerto Rico ha experimentado un aumento en el número de niños que se crían en familias segmentadas, reconstituidas y familias en las que la madre trabaja fuera del hogar, siendo éstas el sostén económico. Estas circunstancias afectan el desarrollo del niño e influyen en su vida escolar. Diversos autores han expuesto que es a través de la educación en familia que los hijos deben tener garantía de una relación afectiva que proporcione seguridad y una disciplina consistente que ayude al niño aprender a respetar límites y a establecer relaciones basadas en el respeto mutuo. Esta información nos sugiere que en ningún otro contexto social, los seres humanos podemos encontrar una atención tan continua y un afecto tan incondicional como el que debe manifestarnos los padres. Algunas familias presentan dificultad para proporcionar las condiciones anteriormente expuestas, provocando un aumento significativo en la probabilidad de que los niños y adolescentes participen en situaciones de maltrato entre iguales (*bullying).*

Se ha señalado que en una estructura tradicional, la ausencia de la figura paterna es con frecuencia origen de problemas relacionados con la violencia y otras conductas antisociales que reflejan un mal aprendizaje de los límites y las normas de convivencia. Los resultados presentados apoyan que la mujer jefe de familia influye en la formación psicoeducativa de sus hijos, por lo que esta característica debe ser un aspecto esencial en el desarrollo de política pública relacionada a la prevención del maltrato en el escenario escolar. En función de lo anterior, puede entenderse la importancia que tiene la colaboración de la escuela con las familias para prevenir el *bullying* y otras formas de violencia.

## Convivencia escolar

Uno de los aspectos más importantes abordados por el cuestionario está relacionado a la convivencia escolar. Se define convivencia escolar como el clima de interrelaciones que se produce en una institución escolar. Se podría decir que es una red de relaciones sociales que se desarrollan en el escenario escolar con el propósito de educar y formar a los sujetos y que convoca a los diversos actores que participan en ella (docentes, estudiantes, directivos) a ser capaces de construir relaciones y vínculos entre sus miembros. La convivencia escolar se construye y reconstruye en la vida diaria.

La convivencia escolar adquiere forma y calidad desde múltiples factores que no se reducen únicamente a las conductas explícitas mediante la cuales los miembros de la escuela se relacionan. La presencia o ausencia de afecto en el trato; la forma de abordar las situaciones de sanciones; la mayor o menor posibilidad de expresarse que tienen los estudiantes, apoderados y miembros de la comunidad educativa; la apertura de espacios en la escuela para actividades no programadas de los estudiantes, el apoyo o rechazo de estudiantes; entre otros factores, son elementos que definirán la manera de convivir en cada escuela.

Esta investigación se circunscribe en este aspecto, a la convivencia escolar de los estudiantes, con los estudiantes. En este caso, los resultados reflejan que en su mayoría los estudiantes (73.5%) se llevan bien con sus compañeros de estudios. Es importante destacar que el 20.5% de los jóvenes encuestados opinan que la relación con sus compañeros se puede definir con la siguiente expresión: "ni bien, ni mal en la escuela". A pesar de constituir minoría, el número de estudiantes que conforman este grupo es considerable. Por otro lado, la investigación arrojó que un 3.2% de estudiantes encuestados le resulta indiferente cómo se lleva con sus compañeros y un 2.5% señala "llevarse mal" con sus compañeros de estudios. Como resultado, tenemos serias implicaciones para la convivencia escolar en las escuelas de nuestro país, las cuales debemos atender responsablemente.

## Convivencia escolar

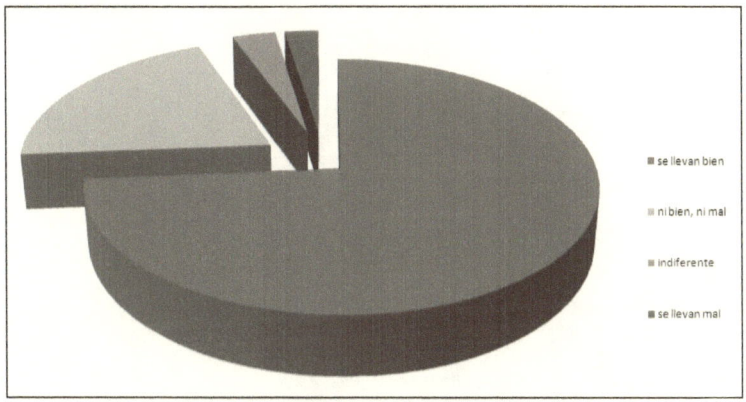

Son múltiples los factores que influyen en una sana convivencia escolar y las relaciones entre pares tiene una participación determinante. Boulton y Smith (2000) señalan que "es indispensable, establecer relaciones adecuadas entre pares para tener un desarrollo normal". El contexto de las relaciones con iguales y la amistad se considera vital para un desarrollo saludable, ya que proporciona oportunidades para aprender y ensayar importantes habilidades cognitivas, lingüísticas y socio-emocionales en niños y adolescentes. En la siguiente gráfica, se pueden observar las puntuaciones porcentuales que identificaron los estudiantes respecto a la amistad, específicamente en el escenario escolar.

**Amistad en la escuela**

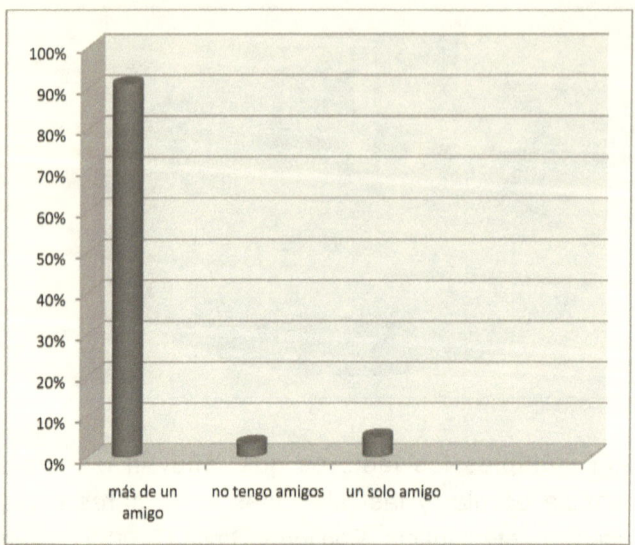

Tal y como se puede observar, el 91% de los encuestados identificaron tener más de un amigo en la escuela. Mientras que el 3.4% informó no tener amigos. Estos datos también reflejan que el 5% identificaron tener solo un amigo.

Además de las familias y los maestros, reconocemos que los pares juegan un papel importante en el desarrollo de los niños y adolescentes. El tener amistad con otros compañeros en la escuela contribuye a proporcionar una fuente de información acerca del mundo exterior. Existen ventajas para el desarrollo de los niños y adolescentes que tienen amigos en la escuela, ya que la interacción diaria representa para ellos una fuente infinita de información para moldear su personalidad.

**Sentimientos de soledad**

Al auscultar el sentimiento de soledad, el 47.6% indicaron no sentirse solos en la escuela. A pesar de que un 91% de los encuestados informa tener más de un amigo, se evidenció en el estudio que existe un 40.8% que a veces se ha sentido solo y un 11% que afirmaron haber sentido soledad en algún momento en la escuela.

**Sentimiento de soledad**

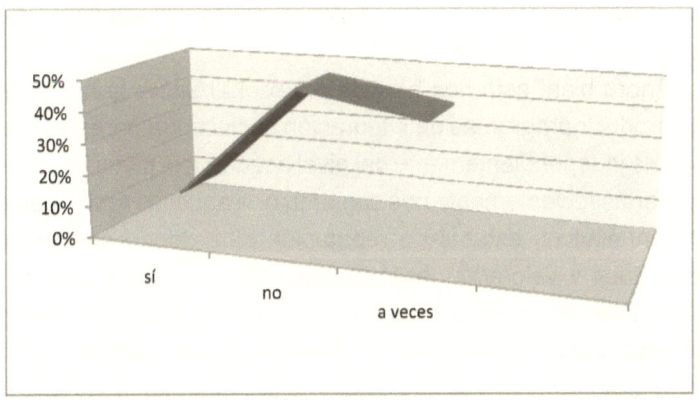

El aislamiento social, o la inhabilidad para "introducirse" en el grupo socialmente, tiene una relación directa con muchos problemas y desórdenes que van desde la delincuencia hasta el alcoholismo y depresión, según sostienen algunos autores (Cowie, 2005). A partir de los resultados obtenidos en este estudio se desprende que algunos procesos de socialización que los encuestados han recibido, no les ha fortalecido para luchar con las dificultades que se les han presentado. No disponer de herramientas para superar esas dificultades puede ser producto de una socialización inadecuada y está asociado con la deserción escolar y con conductas delictivas en la adolescencia (Golden, 2004).

Los estudios realizados con adolescentes que han presentado dificultades en las relaciones con sus pares reflejan que estos tienden a presentar dificultades para resolver de forma inteligente los conflictos y las tensiones que viven; como consecuencia de lo cual se comportan de una forma que tiende a obstaculizar no sólo el bienestar de sus víctimas, sino también su propio bienestar, porque con su violencia aumentan las tensiones y los conflictos que originaron su conducta violenta (Avilés, 2006).

Los resultados en este estudio arrojan la necesidad de educar y establecer buenas relaciones entre pares, para que la convivencia en el escenario escolar se desarrolle en armonía y se produzcan escuelas con climas positivos, donde se puedan desarrollar valores y competencias sociales que eviten conflictos y tensiones entre los mismos estudiantes.

Ahora bien, esto nos permite reflexionar sobre la necesidad de introducir programas de integración social entre pares en cada escuela independientemente del nivel académico. Investigaciones realizadas recientemente nos sugieren que aquellos adolescentes que anhelan un estatus de reputación alto, donde puedan ser respetados y valorados, es más probable que hagan uso de la violencia entre pares como herramienta para lograr su objetivo; por el contrario, aquellos que no desean mejorar su reputación ni encuentran amenazada su posición entre el grupo le ven menos beneficios a utilizar la violencia (Cillessen y Mayeux, 2004).

Los marcados cambios sociales y culturales han modificado las formas básicas en que los estudiantes establecen sus acercamientos interpersonales. Estudios revelan que la soledad es muy prevalente y destructiva entre la población adulta, pero es aún más nefasta entre la juventud, lo que puede ser abrumador, perturbador y devastador en su desarrollo.

**Tipos y formas más frecuentes de *bullying***

Muchos autores han definido distintos tipos de maltrato: físico, verbal y psicosocial (Olweus, 1993) manifestándose éstos de manera directa o indirecta. En esta investigación, al definir los tipos de maltrato, se excluyó de la composición de reactivos aquellos relacionados a la violencia escolar tales como el vandalismo y robo ya que el interés primario fue enfatizar en las formas más habituales del maltrato entre iguales (*bullying)*. Esta información concurre con las diferentes investigaciones estudiadas en la literatura científica ya que evidencian índices de ocurrencia bajos en las áreas mencionadas (Defensor del Pueblo, 1999, Whitney y Smith, 1993).

La percepción de los estudiantes sobre el maltrato que se da en la escuela refleja que los tipos de *bullying* pueden adquirir diversas caras. Algunas son visibles como romper, esconder y ensuciar cosas y otras pueden ocurrir de forma oculta como son los insultos/ amenazas verbales, burlas y los comentarios ofensivos relacionados a la conducta sexual. Todos los tipos de maltrato entre iguales tienen, en mayor o menor medida, componentes físicos, verbales, sociales y/o psicológicos (Björkqvist, 2001).

Esta investigación refleja que los estudiantes perciben que en su escuela es más frecuente el maltrato con componentes sociales y verbales que con componentes físicos. Ante la pregunta: "¿Qué tipo de maltrato, se da en tu escuela?", las opciones más identificadas se ordenan de la siguiente manera. En esta pregunta el estudiante podía seleccionar más de una respuesta.

**Tipología del maltrato**

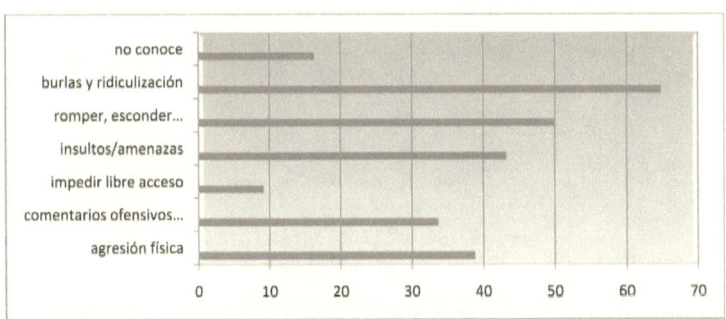

## VICTIMAS

**Incidencia de maltrato**

La incidencia mide el número de casos registrados en la investigación, en un período determinado. Son datos muy importantes a la hora de planificar los recursos necesarios para un proyecto de prevención o mediación, ya que nos acerca a una estimación del número potencial de estudiantes que pueden tener acceso a los servicios.

En esta investigación, las respuestas reflejaron que el 65.5% de los estudiantes encuestados no habían sido víctimas de maltrato en la escuela. Sin embargo, se observa que relacionado a la incidencia de maltrato, un 26% manifiesta haber sido maltratados pocas veces. El 4.7% manifiesta haber sido maltratados "bastantes veces" y el 2.5% indica haber sido maltratados "casi siempre". En resumen, el 33.2% de la muestra afirma que algún compañero le ha maltratado en la escuela entre pocas veces, bastantes veces y casi siempre, reconociendo así la existencia de *bullying* en el escenario escolar.

**Incidencia maltrato entre iguales**

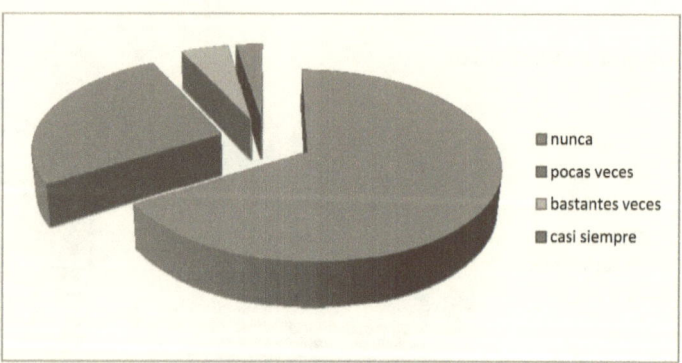

**Sentimientos relacionados al acoso**

Las víctimas son los estudiantes que sufren el maltrato o acoso escolar (*bullying*). Las víctimas de *bullying* experimentan sentimientos de estar indefensos ante la violencia. Tienden a ocultar el maltrato por temor a ser descalificado por sus padres, profesores, compañeros, o por evitar ser estigmatizados y relegados del grupo (Avilés, 2006).

La información suministrada por los/as jóvenes encuestados relacionados a los sentimientos suscitados luego de un episodio de maltrato, generó diversidad de reacciones. Las respuestas de mayor frecuencia fueron "creo que no tienen derecho a hacerme esto" (33.8%), seguido de "siento que hay compañeros/as que me defienden (20%) y "me siento solo/a y mal, trato de pasar el momento como pueda, (9.6%). Estos manifestaron sentimientos que van desde la injusticia, al informar que "creo que no tienen derecho a hacerme esto" hasta sentir que "hay compañeros/as que les defienden". Cabe señalar que estos resultados son cónsonos con estudios internacionales que muestran que cuando se juzga una conducta bajo la perspectiva de uno mismo y desde la de otros, los participantes tienden a verse a sí mismos de una forma positiva (Keller, 2003).

Por otro lado, tenemos que un grupo menor de la muestra estudiada que presentó sentimientos de culpabilidad (4.7%), lo que es comparable con datos europeos mencionados en el capítulo anterior. La dificultad que experimenta la víctima para resolver su problema, que en muchas ocasiones termina de confirmar su propio convencimiento de ser incapaz de salir de esa situación, es más que suficiente para incorporar estrategias nuevas y efectivas, y desarrollar grupos de apoyo que eviten el *bullying*. Miedo y fobia a asistir a la escuela, inseguridad, ansiedad anticipada y estrés, nerviosismo, desánimo y hasta ideación suicida, son algunas de las manifestaciones que sufren las víctimas de este fenómeno. Soportarlo durante tiempo les conforma una personalidad insegura y les hace interiorizar el desequilibrio y la perversión que supone el maltrato, agresión que pueden experimentar de forma continua. El sufrimiento de las víctimas no sólo se produce en el momento de los incidentes de agresores, sino que se vive de continuo (Robinson y Maines, 2003). Por otro lado, cabe destacar que un pequeño grupo de encuestados (2.5%) entiende que "su familia no debe saberlo". Sin embargo, en la actualidad estudios validan que la participación de los padres en los asuntos escolares de sus hijos es la prioridad para mejorar la educación (Chiva, 1993).

## Sentimientos de la víctima

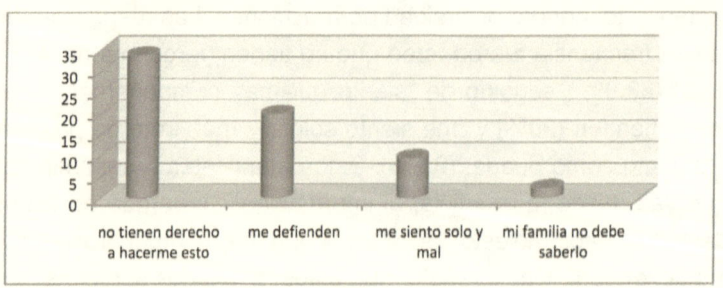

## Percepción atribución causal

La percepción de la víctima, con respecto a cuál es la causa del maltrato es diversa. Es significativo que el 35.3% de las víctimas informa desconocer por qué le maltratan. No saben por qué les está pasando lo que les ocurre. El 27.2% indica que son víctimas de *bullying* porque a los agresores les gusta "molestar". Este tipo de atribución reconoce que el agresor tiene intención de molestarle y la víctima entiende que existe alguien que tiene intención de hacerle daño.

Un 19.8% de las víctimas entiende que ser diferente es otra razón del maltrato. Esta atribución establece algún tipo de culpabilidad y justifica de cierta manera lo que está sucediendo, por lo que obstaculiza la posibilidad de salir de esta situación por sí mismo.

Otras causas para el maltrato, acoso e intimidación son la provocación (9.9%), la debilidad (8.8%) y el tenerlo merecido (1%). Estas diferencias, bajo el prisma de la víctima, apoyan la implantación de modelos de intervención dirigidas a que los protagonistas participen de dinámicas de manejo de sentimientos y reconstrucción cognitiva sobre las ideas con que conciben los hechos.

## Percepción atribución causal

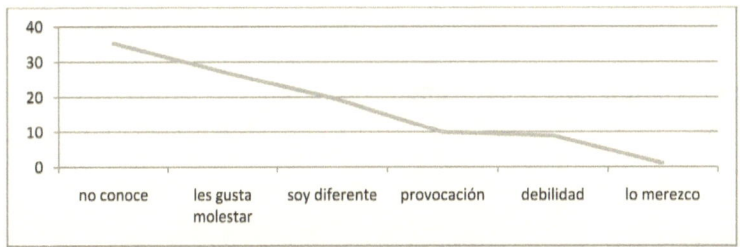

Por otro lado, se les preguntó ¿qué has hecho? si le han maltratado. Las respuestas de mayor frecuencia fueron "me defiendo, agrediendo verbal o físicamente" (36.6%), "he hablado con mis amigos/as" (31.3%) y "se lo he comentado a mis padres" (26%). Los resultados señalan que el 16.1% de los estudiantes reportaron haber hablado con algún maestro ante algún evento de maltrato.

## OBSERVADORES

Luego de indagar cuál es la percepción de los estudiantes en relación con los tipos de maltrato, las causas, la incidencia y los sentimientos, es importante conocer quiénes son los agresores y cuáles son las reacciones de los que observan cuando un compañero maltrata a otro. En los actos de *bullying*, el agresor o los agresores atacan a sus víctimas en presencia de otros compañeros que observan lo que sucede, sin intervenir. Son los llamados observadores, espectadores o testigos. Los resultados señalan que el 51% entiende que los agresores son compañeros del mismo grado, seguido del 39.2% que indica que son de otros grados. El 30% informa que compañeros de otro grado más alto son los agresores, mientras que el 15.9% indica que provienen de otras escuelas. En el estudio es evidente que la mayoría de los estudiantes es consciente de que el maltrato convive con ellos. Frente a situaciones de conflicto entre compañeros/as, los encuestados expresaron tres reacciones diferentes: "lo ayudan", "buscan ayuda" o entienden que "no es su problema y siguen su camino".

**Percepción observador ante el bullying**

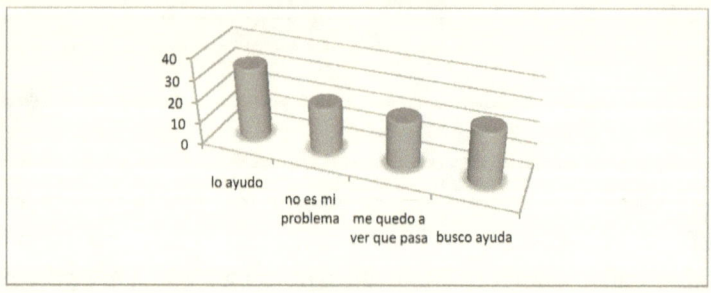

El 33.4% manifiesta que al observar el maltrato de otro estudiante, proceden a ayudarle. Un 19.1% de los observadores informó que al presenciar situaciones de maltrato hacia otros compañeros prefieren "quedarse a observar lo que sucede". Otro 24.9 % identificados como observadores, busca ayuda y tan solo el 21.8% reportó seguir su camino, ya que consideran no es su problema. Esta reveladora ausencia de intervención del 40.9% de los estudiantes ante un evento de maltrato, está relacionada directamente con las consecuencias que tiene para el observador referente al agresor cuando éste comete el acto de *bullying*.

**AGRESORES**

En relación a preguntas dirigidas hacia los agresores, la muestra de este estudio reflejó que un 19.7% se identifica como agresor. Las investigaciones realizadas en el Reino Unido por Smith reflejan que el porciento de los escolares que se reconocen como agresores se sitúa entre el 4% y el 10% (Smith y Sharpe, 1994). Estos datos reflejan que en años recientes, la cifra de agresores está creciendo de forma alarmante (Cowie, 2005; Pellegrini, Bartini y Brooks, 1999).

Es interesante conocer las causas que el grupo que se identifica como agresor informa para su conducta. Han identificado las siguientes entre las causas: "por provocación, por molestar, por bromear y porque se lo hacen otros". Como se presenta en la gráfica, la percepción de los agresores con respecto a por qué razón han maltratado a otros es diversa. No debe perderse de vista que en este estudio de investigación se parte de la visión de los estudiantes y las situaciones conflictivas que surgen en la escuela. Los agresores informaron que las dos causas mayores para maltratar son por "bromear", (51.5%), seguido de "porque me provocaron" (22.8%). El 41% informó no haber acosado a nadie, mientras que el 13% informó desconocer las razones por las cuales maltratan a otros compañeros.

**Percepción causal según agresor**

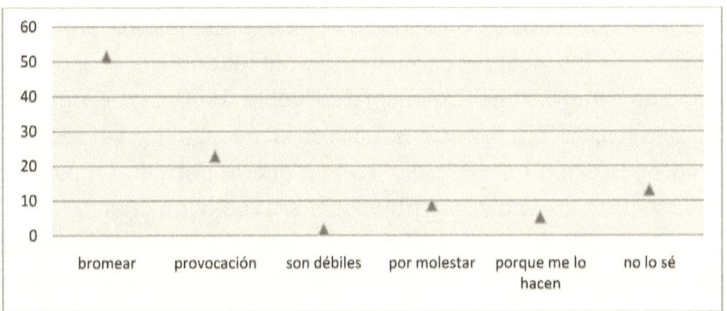

Los resultados obtenidos en este estudio se alinean con investigaciones realizadas en Europa, América del Sur y Estados Unidos, que evidencian entre las causales más frecuentes, las mencionadas anteriormente (Avilés, 2005; Defensor del Pueblo, 2006; Simmons, 2006; Ramírez,2006; National Center for Education Statistics & Bureau of Justice Statistics, 2008).

Gastar bromas parece ser la causa del acoso para un 51.5 % de los agresores. Muchos de los casos de acoso comienzan con esta intención de pasar un "buen rato" a costa de otro al que se denigra, ridiculiza o burla. Ser burlado o ridiculizado puede obligar a los estudiantes victimizados a enfrentar ciertos problemas que no todos manejan de igual manera (Aragón, 1999).

Otra variable que refuerza el problema del acoso es cuando los padres o encargados marcan a sus hijos en su hogar, con el objetivo de que contesten con otra agresión a la que reciben: "si te dan, tú das". A través de los datos obtenidos, hemos observado que un grupo de la muestra (5.3%) justifica su agresión con "porqué a mí me lo hacen otros". Los agresores tienden a explicar lo que ocurre quitando importancia en todas las situaciones de participación, con lo que mantienen una explicación de los hechos. Es una práctica frecuente que los jóvenes que son víctimas de violencia contesten la violencia con violencia y a su vez, hostiguen a otros que no necesariamente son los que les han agredido (Avilés, 2006).

A partir de los resultados obtenidos en este estudio, se desprende que las diferencias físicas o psicológicas de las víctimas o sus debilidades no parecen ser las razones del acoso en el estudio realizado. La literatura indica que es escaso o no existe apoyo empírico a los mitos extendidos acerca de la supuesta diferencia o debilidad de las víctimas como causa antecedente del acoso en la mente de los agresores (Defensor del Pueblo, 1999; Díaz—Aguado, 2005; Avilés, 2006,). Tan solo el 1.8% de la muestra que se identifica como agresor en este estudio, señala que la debilidad mostrada por la víctima es la razón para acosar a otros compañeros.

Los datos recopilados en este estudio reflejan que los encuestados que se han identificado como agresores, en ocasiones han participado en situaciones de maltrato *bullying* por molestar (8.7%). Esta información es consistente con la literatura revisada donde se presenta al *bully* participando y propiciando situaciones de maltrato entre compañeros por molestar (Avilés 2006).

El acoso escolar se reviste así de un carácter de aprendizaje perverso que acompaña a muchos adolescentes a la edad adulta: la violencia contra otros previene la violencia contra uno mismo. Simmons (2006) expone que en un mundo de impunidad frente al acoso escolar y de abandono de la disciplina y de la protección debida contra la violencia, algunos estudiantes aprenden a sobrevivir a base de hostigar y agredir a otros o de participar en el acoso psicológico de otros.

Ante toda esta información, es necesario reconocer la existencia de una cultura oculta de agresión entre jóvenes, en la que almacenan sus sentimientos y se va formando su personalidad. Los episodios de maltrato entre pares pueden marcar a algunos jóvenes para siempre. Debemos enseñarles un lenguaje común donde sientan fuerzas no sólo para negociar el conflicto, sino para expresar nuevas relaciones de formas distintas y más saludables (Contreras, 2007).

**Lugares más frecuentes**

Las respuestas de los encuestados muestran que la cancha o el patio (51.7%), seguido del salón de clases (41.2%) son los lugares más frecuentes en que se da el *bullying*. Le sigue en frecuencia la entrada y salida de la escuela (40.2 %) y los pasillos con (36.7 %). El 16.9% informó que en los baños suceden situaciones de maltrato y es frecuente. Solo 15.4% indicó no conocer un lugar donde ocurre *bullying*. Esta información es congruente con investigaciones similares donde se presentan situaciones de maltrato en todos los lugares con mayor o menor frecuencia, pero en "mayor proporción en patios y entradas de las instituciones escolares" (Contreras, 2007).

**Lugares más frecuentes**

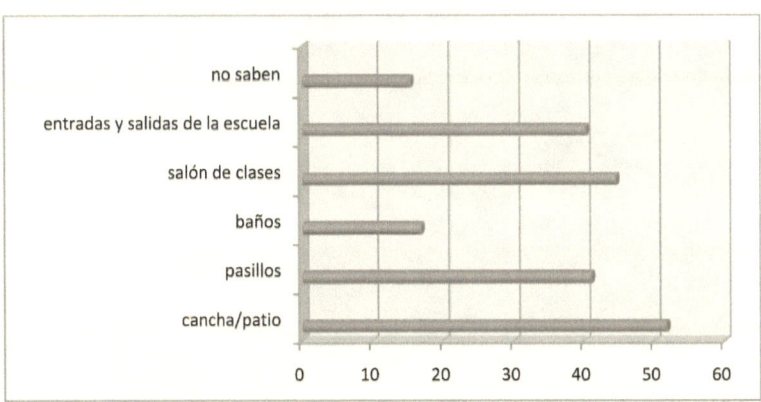

El salón de clases es el espacio donde los estudiantes mantienen comunicación con maestros/as y con sus pares. Es el lugar donde, además de adquirir conocimientos, las expresiones verbales y la gesticulación tienen un gran significado porque representan una forma de interactuar. El salón es el lugar donde los estudiantes pasan la mayor parte del tiempo dentro de la escuela. Se convierte en el lugar donde los abusos forman parte de la vida diaria. Estos datos nos ilustran la necesidad de que las instituciones educativas garanticen la participación de recursos humanos suficientes para implantar mayores controles de supervisión con el propósito de evitar episodios de violencia entre los propios estudiantes.

**Medidas sugeridas por estudiantes para solucionar el *bullying***

Conociendo la percepción de los estudiantes referente al modo en que solucionan los conflictos en la escuela a la que pertenecen, es importante conocer qué medidas toman los propios estudiantes frente a las situaciones de maltrato. Se evidenció en el estudio que existe una tercera parte de la muestra (38.3%) que expresa que se puede solucionar el problema del *bullying* en la escuela. El 10.3% de la muestra entiende que no hay solución al mismo. Por otro lado, cerca de la mitad de la muestra (49.3%) evidenció que no sabía qué pensar al respecto. Sus contestaciones fueron "quizás" (31.8%), seguido de "no sé" (17.5%).

**Percepción de estudiantes, ¿existe solución al bullying?**

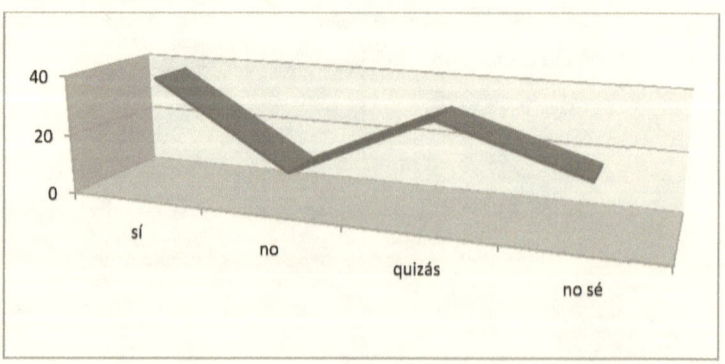

La última pregunta del cuestionario se relaciona a la forma en que solucionarían el problema, si estuviera en sus manos. Las respuestas fueron catalogadas en seis estrategias positivas y proactivas.

Entre los resultados más significativos se encuentran:

- Implantar medidas disciplinarias más severas
- Promover que padres y personal docente colaboren
- Disponer de mayor seguridad, para evitar las discusiones
- Llevar a cabo actividades educativas relacionadas al tema
- Establecer comités de mediación de conflictos
- Organizar grupos de apoyo de estudiantes

Resulta esperanzador observar que la implantación de medidas disciplinarias más severas la ofrecen los mismos estudiantes como alternativa primaria para resolver el problema de *bullying* en sus escuelas.

Los datos arrojados en este estudio no pueden ser generalizados. Responden a las características particulares de las escuelas objetos del estudio y a las percepciones y vivencias de los estudiantes en este contexto específico. No obstante, pueden ser elementos a considerar para otros estudios o investigaciones. Sería importante ver la situación particular de cada escuela, sus grupos y su entorno, para interpretar las situaciones expresadas por los estudiantes y trabajar para mejorar el clima escolar, tomando en consideración sus voces ante este problema.

A pesar de ser una minoría, existe un grupo de estudiantes (10.3%) que expresa rotundamente que no hay solución para el problema de *bullying* por lo que su nivel de conflictividad en las relaciones interpersonales es evidentemente considerable. Las respuestas manifestadas reflejaron tener una distancia de intereses y valores diferentes a la mayor parte de los encuestados quienes prefieren una mejor convivencia en el escenario escolar. A continuación algunos extractos que ofrecieron en los cuestionarios administrados:

> * **"Devolver una paliza"**
> * **"Le pongo la ley del Talión"**
> * **"Nos vamos al Tribunal"**
> * **"Le doy pa' bajo"**

Este tipo de estudiante, según otras investigaciones, tiene poco claro de lo que es el respeto, la tolerancia y la disciplina y por lo general, no existe la presencia de los padres para enseñar o fomentar estos valores. De esta forma la calle, los amigos y el ambiente externo suplen esa carencia familiar, donde son presa fácil de diversos riesgos sociales, entre ellos el alcohol y las drogas. Hay que señalar que estos datos correlacionan con investigaciones donde se expone que la hostilidad que se gesta al interior de la escuela es por falta de vigilancia, de disciplina y aplicación de normas (Gómez, 2006; Furlán, 1998; Prieto, 2005). Esta información parece indicar que una alta proporción de quienes manifiestan que los problemas no se resuelven, evalúan que las medidas tomadas en la escuela respecto a los estudiantes que causan conflictos deberían ser más estrictas y proactivas.

Es importante destacar que los resultados en esta etapa de la investigación muestran que la situación prevaleciente relacionada al maltrato entre iguales (*bullying*) es alarmante. No cabe duda que la administración escolar tiene la responsabilidad de replantear su política pública relacionada a la capacitación docente, revisión de currículo, nombramiento de personal profesional especializado y la creación de nuevas iniciativas que estimulen la construcción de un marco institucional que promueva el interés de nuestros niños y jóvenes de permanecer en la escuela y disfrutar de una mejor convivencia escolar.

# CAPITULO V

## Conclusiones & Recomendaciones

*L*a investigación realizada contribuye de forma significativa al campo de la educación en Puerto Rico ya que ofrece información sobre la percepción que tienen los estudiantes sobre el maltrato entre iguales *(bullying)* en las escuelas del país. A su vez, contribuye a conocer las características socio-demográficas de estos protagonistas, permitiendo así a los profesionales de la educación y de la conducta reconocer la importancia de desarrollar iniciativas de prevención e intervención, con el fin de ofrecer una mejor calidad de vida en el entorno escolar. Esto a su vez, podría ofrecer un beneficio adicional a la población general, ya que el gasto operacional que tendría el sistema gubernamental, quedaría reducido sustancialmente, al disminuir la violencia en todas sus modalidades.

Esta investigación ofrece conclusiones importantes para la comunidad educativa; en primer lugar, que los fenómenos de comportamiento antisocial en las escuelas tienen raíces muy profundas en la comunidad social a que pertenecen las escuelas; segundo, los episodios de violencia no deben considerarse eventos aislados; y tercero, las manifestaciones de comportamiento antisocial en las escuelas ocurren con mayor frecuencia de lo que pensamos por lo que sus consecuencias personales, sociales e institucionales son incalculables. Detectados los episodios de violencia en las escuelas y en particular si éstos revisten la forma de abusos entre iguales, se precisa una intervención inmediata y efectiva que detenga el proceso de victimización. Las acciones no deben centrarse particularmente en los agresores, observadores y víctimas, sino que deben abarcar al grupo de los que éstos formen parte con el objetivo de lograr que los observadores de estos episodios se sensibilicen frente a ellos, los rechacen y conozcan el tipo de ayuda que deben prestar a quienes lo sufren. En este sentido, debe tenerse en cuenta que los resultados del estudio realizado acreditan que en porcientos muy elevados (51.1%), el maltrato se reproduce entre miembros del mismo grado y en el mismo salón.

Por otro lado, los resultados obtenidos implican que las características socio-demográficas, tales como género, edad y con quién vive, pueden ser variables determinantes de diferencias significativas en la incidencia general del maltrato entre iguales (*bullying*). En este sentido, es imprescindible prestar especial atención a los estudiantes de nivel primario, con el propósito de fomentar entre los estudiantes conductas y valores ajenos a la fuerza física y la violencia, y una mayor sensibilización frente a determinadas conductas de agresión verbal, tales como burlas, insultos, amenazas y comentarios ofensivos. Asimismo, las actividades realizadas con los estudiantes directamente implicados en episodios de *bullying* deben tener una finalidad educativa a través de la cual los estudiantes sean conscientes del conflicto que ha generado su comportamiento, conozcan sus consecuencias negativas y sepan las vías alternas disponibles para evitar la violencia. Además, los estudiantes implicados en estos episodios deben ver reforzada la labor que se desarrolle entre sus compañeros para fomentar la maximización de sus habilidades sociales y el conocimiento de estrategias de resolución de conflictos. Es necesario reconocer que las acciones promovidas por instituciones educativas deben surgir de las propias escuelas e involucrar a toda la comunidad, en particular a los estudiantes. A través de estas acciones debe lograrse una escuela segura, exenta de comportamientos violentos, respetando derechos para una sana convivencia escolar.

Si no se toma conciencia general sobre la importancia del problema y un conocimiento profundo del alcance del mismo, de sus manifestaciones más relevantes y de sus características específicas, difícilmente se puede abordar la prevención y erradicación de cualquier tipo de violencia en el medio escolar. En consecuencia, todas aquellas acciones que permitan un mejor conocimiento y comprensión de dicho fenómeno en general y de los abusos entre iguales en particular, deben ser promovidas y favorecidas.

En términos generales, se puede concluir que los resultados de esta investigación reflejan que existe una tendencia creciente a resolver los conflictos de convivencia en el ámbito de la escuela. Esta observación es cónsona con las voces de los estudiantes que presentaron un interés genuino en el proceso de identificar alternativas, expresando en su gran mayoría, la resolución de conflictos como estrategia para la solución del problema. Con la información que aporta esta investigación, las instituciones educativas podrán evaluar los modelos de prevención para medir su eficacia y añadir campos de trabajo que han adquirido relevancia en el escenario escolar.

Determinadas conductas, como los comentarios ofensivos, los insultos, los sobrenombres o las amenazas, gozan injustificadamente de cierto grado de permisividad social que se refleja en las escuelas hasta el extremo de que a menudo no se identifican como maltrato entre iguales. Es el momento de hacer un llamado a definir estrategias de prevención y erradicación de la violencia entre iguales, hay que prestar atención a este tipo de conductas por sus consecuencias, tales como el sufrimiento, con frecuencia intenso, que provocan en los estudiantes que las padecen. Otras agresiones, como el acoso y/o el hostigamiento sexual, se presentan con una frecuencia que exige que se les preste atención por la gravedad que reviste, profundizando así en contenidos dirigidos a la educación sexual de los estudiantes y afirmando de inmediato su detección y erradicación.

En conclusión, uno de los hallazgos más significativos de este estudio es que el 84% de la muestra reconozca que existe algún tipo de maltrato entre iguales (*bullying*) en las escuelas, resultados que alcanzan la inquietud no tan solo en el campo académico, sino en la población general. Estos hallazgos requieren una mirada diferente de la escuela como espacio de formación, interacción y construcción social. En palabras de Gómez Mayorga (2004) "se tiene una visión miope que no se percata de la complejidad de los espacios en los que se labora". A pesar de que es frecuente la preocupación manifestada por padres y docentes ante la violencia escolar, da la impresión que es muy poco lo que se hace para solucionar el problema. Se espera que a partir de los resultados de este estudio, las instituciones gubernamentales y la academia se esfuercen en trabajar iniciativas de colaboración a ser implantadas para ayudar y dar apoyo a estudiantes y familias de alto riesgo en cualquier tipo de violencia.

Resulta atractivo observar que la implantación de medidas disciplinarias más severas la ofrecen los mismos estudiantes como alternativa primaria para resolver el problema de *bullying* en sus escuelas. Los datos arrojados en este estudio no pueden ser generalizados. Responden a las características particulares de las escuelas objetos del estudio y a las percepciones y vivencias de los estudiantes en este contexto específico. No obstante, pueden ser elementos a considerar para otros estudios o investigaciones.

Sería importante ver la situación particular de cada escuela, sus grupos y su entorno, para interpretar las situaciones expresadas por los estudiantes y trabajar para mejorar el clima escolar, tomando en consideración las voces estudiantiles ante este problema.

A continuación, se presenta una serie de recomendaciones basadas en los hallazgos, los análisis y las reflexiones realizadas posterior a escuchar las voces de los estudiantes, por lo que se sugiere sean considerados en la implantación de políticas de prevención o de resolución de conflictos en el ámbito escolar. Los resultados de este estudio muestran claramente que la situación de violencia en las escuelas se puede mejorar. No cabe duda que estos datos reflejan claramente que hay mucho trabajo por hacer que requiere de alianzas entre diversos sectores de nuestra sociedad.

**Gobierno de Puerto Rico**

- Crear alianzas con la participación de entidades educativas públicas y privadas y otras que comparten el mismo interés para estudiar el fenómeno del maltrato entre iguales y cuyo lugar de encuentro sea la base para el intercambio de experiencias comunes, iniciativas y difusión de información

- Crear programas de intervención en coordinación con el Departamento de la Familia, cuyo propósito sea la enseñanza de valores de tolerancia, respeto a la diversidad y a la dignidad humana, así como el trabajo dirigido al desarrollo de la autoestima y de las destrezas sociales, para el desarrollo efectivo de conductas pro-sociales y la erradicación de la violencia escolar
- Incorporar a las escuelas, equipos o servicios profesionales de orientación de la conducta humana que puedan extender sus servicios a ámbitos y a contextos ajenos a las escuelas en los que se desenvuelven los estudiantes, especialmente la familia
- Estimular la colaboración de las instituciones sociales y otros sectores de la sociedad de manera que se conviertan en un vehículo idóneo para trasladar a la vida cotidiana de las escuelas, la construcción de valores que contrarresten la proliferación de la violencia diaria
- Solicitar a los medios de comunicación prudencia al difundir noticias relacionadas con los fenómenos de violencia escolar de manera que no se promuevan alarmas sociales ni socaven en la ciudadanía la confianza en el sistema educativo

## Departamento de Educación

- Prestar atención a los estudiantes del último grado de educación primaria con finalidad puramente preventiva
- Facilitar a las familias de los estudiantes apoyo profesional adecuado y orientación psicológica y pedagógica relacionada con situaciones de violencia escolar
- Replicar este estudio en todas las regiones (estudio nacional) que concrete los datos y resultados aquí presentados, con

el propósito de posibilitar un mejor conocimiento de la incidencia actual del problema de *bullying*, tales como la atribución causal de los actos en función de la edad de los estudiantes que se identifican por sí mismos "agresores"; diferencias en función del género; incidencia de abusos en el contexto escolar en los niveles elementales, intermedios y superiores; tipo de agresión o de maltrato de los que con mayor frecuencia sufren las víctimas, entre otros

- Tomar medidas concretas para combatir el fenómeno conocido como *cyberbullying* ; es decir, el acoso a través de las nuevas tecnologías de información y de comunicación
- Desarrollar en los estudiantes habilidades de relación interpersonal y de estrategias de comunicación
- Realizar campañas educativas con el propósito de concienciar a víctimas y testigos de la importancia de informar situaciones de maltrato
- Fomentar la prevención y resolución de conflictos de violencia escolar en el ámbito interno de las escuelas
- Evaluar si las políticas de prevención e intervención establecidas en la Ley 149 de 1999 han aportado contribuciones efectivas para lograr una mejor convivencia escolar
- Garantizar la participación de recursos humanos suficientes que posibiliten una adecuada supervisión y vigilancia en las escuelas para evitar la producción de episodios violentos entre los propios estudiantes
- Iniciar programas de prevención específicamente dirigidos a erradicar las formas de maltrato entre iguales (*bullying*) y otras conductas violentas
- Iniciar programas específicos orientados a evitar procesos de victimización entre los estudiantes de origen inmigrante, fomentando el conocimiento mutuo de los factores diferenciales de carácter cultural, social o religioso
- Desarrollar campañas educativas contra las diferentes conductas de acoso escolar, fomentando la sensibilización

y solidaridad hacia las víctimas y el rechazo social hacia los agresores

- Estimular en los estudiantes el desarrollo de estrategias de comunicación y de habilidades de relación interpersonal que ayuden evitar procesos de victimización entre la población de riesgo para prevenir y resolver situaciones de acoso escolar de las que sean víctimas u observadores (testigos)

- Incluir en el contenido curricular la transmisión y asentamiento de valores conexos al rechazo de toda forma de violencia escolar y la adquisición de técnicas de resolución de conflictos interpersonales

- Fomentar en los estudiantes la resolución de conflictos en el ámbito escolar mediante el uso de herramientas en las que se promuevan la participación de los propios estudiantes y de sus familias en los mecanismos de prevención y de intervención

- Garantizar la formación permanente y continua de todo el personal docente en temas de violencia escolar con el propósito de complementar y actualizar la capacitación profesional

- Promover y facilitar la participación activa de los estudiantes en la prevención y resolución de conflictos a través de estructuras denominadas "comités de convivencia" o las de "estudiantes mediadores" o cualquier otra que juzgue las funciones adecuadas de cada situación particular de cada escuela

- Desarrollar sanciones específicas en las iniciativas realizadas en las escuelas dirigidas a estudiantes agresores, que procuran finalidades educativas a través de las cuales éstos adquieran plena conciencia de las consecuencias de sus acciones y las posibles vías no violentas de resolución de conflictos, dirigidos a la obtención de habilidades sociales

**Universidades**

- Promover más investigaciones con el fin de determinar el comportamiento violento entre los adolescentes y desarrollar estrategias de intervención encaminadas a prevenir el maltrato entre pares y promover estilos de vida adecuados que propendan a una mejor calidad de vida para esta población
- Promover la realización de estudios epidemiológicos en los que se investigue la incidencia y la tipología de otras formas de violencia escolar diferentes al maltrato entre iguales, sufridas por estudiantes y personal docente
- Desarrollar congresos, seminarios, talleres, foros de discusión y/o simposios de carácter científico sobre el tema de la violencia escolar
- Promover investigaciones que permitan conocer la situación real y la evolución de las conductas agresivas y las actitudes violentas en las escuelas públicas del país, donde se utilicen metodologías compatibles con la usada en esta investigación, de manera que se posibilite el análisis entre diferentes períodos y se puedan realizar comparaciones y evaluar las políticas e intervenciones implantadas para la prevención y erradicación
- Incluir en los contenidos curriculares de las universidades dedicadas a la formación de personal docente, los métodos de enseñanza relativos a la prevención, detección y resolución de conflictos de violencia escolar, a fin de garantizar la formación inicial en este campo

**Alcance**

"Las voces en la adolescencia sobre *bullying*: perspectiva en el escenario escolar" es un estudio que ha ampliado los conocimientos sobre la naturaleza e incidencia del fenómeno de la violencia escolar, en su modalidad del maltrato entre iguales (*bullying*), en Puerto Rico. Provee una dirección para quienes tienen presencia o responsabilidades en el ámbito de la educación para que puedan tomar decisiones e iniciar programas más adecuados, conociendo el estado actual de las escuelas y la evolución del problema del maltrato entre iguales en el escenario escolar puertorriqueño. La visión de los estudiantes es esperanzadora para construir una mejor convivencia escolar en el Puerto Rico de hoy y del futuro.

# REFERENCIAS

Abramovay, M. (2005, julio—sept.). Victimización en las escuelas: Ambiente escolar, robos y agresiones físicas. *Revista Mexicana de Investigación Educativa. 10, (26), 833-864.*

Allen-Mears, P. (1996). *Social work services in schools.* 2nd ed. Boston: Allyn & Bacon.

Almenares A., Bernal L. & Ortíz G. (Mayo-Junio, 1999). Comportamiento de la violencia escolar. *Revista Cubana de Medicina General Integral. 15(3).*

Aragón, N. (1999). Análisis factorial del b.d.i. (beck depression inventory) en padres de niños con trastornos psicopatológicos. *Análisis y Modificación de Conducta. 25, 99:81-102*

Archilla, M. (2001, mayo 31). ¿De dónde salio la navaja? La culpable da su verdad. *Primera Hora*, p. 2.

Avilés, J. M. (2000). El *bullying* en la ESO. *Escuela Hoy.* 46, 20-22.

Avilés, J. M. (2001). *La intimidación y el maestro en los centros escolares (bulling).* En LAN Osuna, 2,13-14. Bilbar: STEE-EILAS.

Avilés, J. M. (2005). *Intervenir contra el bullying en la Comunidad Educativa.* Recuperado el 14 de junio de 2008 desde www. concejoeducativo.org

Avilés, J. M. (2006). *Bullying* : el maltrato entre iguales. Salamanca. Amarú Ediciones.

Avilés, J. M., & Monjas I., (2005, junio). Estudio de incidencia de la intimidación y el maltrato entre iguales en la educación secundaria obligatoria mediante el cuestionario CIMEI. *Anales de Psicología. 21, (1), 27-41.*

Baldry, A. L. (2005). Bystander behaviour among italian students. *Pastoral Care in Education. NAPLE. 23, (2), 30-35.*

Bandura, A. (1973). *Teoría del aprendizaje social.* Madrid. Espasa-Calpe.

Bandura, A. (1989). *Social cognitive theory.* Six Greenwich, C.T. JAI Press.

Bandura, A. & Ribes, E. (1975). *Modificación de conducta. Análisis de la agresión y la delincuencia.* México. Trillas.

Bandura, A. & Walter, R., (1982). *Aprendizaje social y desarrollo de la personalidad.* Madrid: Alianza Editorial. 11-56.

Beech, J. & Marchesi, A., (2008). *Estar en la escuela: Un estudio sobre la convivencia escolar en la Argentina.* Recuperado el 2 de marzo de 2008 desde http://www.oei_es/valores2/Estar en la escuela1.pdf

Bertalanffy, V. (1987). *Perspectives on general systems theory.* Scientific-Philosophical Studies. New York.

Bloom, M. (1996). Primary Prevention and Resilience: Changing Paradigms and Changing Lives, *Preventing Violence in America,* (4), Sage Publications, CA. 87-114.

Björkqvist, K. (2001). Different names, same issue. *Social Development. 10, 272-274.*

Boulton, M. J. & Smith, P. K. (2000). *Peer harassment in school.* New York. Guilford.

Bronfenbrenner, U. (1986). Ecology of the family as a context for human development: research perspectives. *Developmental Psychology, 22 (6), 723-742.*

Bronfenbrenner, U. (1995). Developmental ecology through space and time: Future perspectives. P. Moen, G. H. Elder, Jr., & K., Luscher (Eds.), Examining lives in context: perspectives and the ecology of human development. Washington, *American Psychological Association 619-647*

Buckley, J. (1986). *Modern systems research for the behavioral scientist: A sourcebook.* Aldine Publishing Company.

Busot, J. (1991). Investigación Educativa. Universidad del Zulia. Maracaibo.

Casas, M. L. (1998). Medios de comunicación y violencia en México. *Diálogos de la comunicación.* 53. FELAFACS.

Centro Reina Sofía para el Estudio de la Violencia. (2005). *Informe Violencia entre Compañeros en la Escuela.* Metra-seis. España.

Cerda, A. M. & Assaél, M. (1998). Normatividad escolar y construcción de valores en la vida escolar. *Perspectivas,* (105), 629-644.

Cerezo, R. F. (2001). *La violencia en las aulas. Análisis y propuestas de Intervención.* Madrid: Pirámide.

Cillensen, A.H.N., y Mayeux, L. (2004). From censure to reinforcement: Developmental changes in the association between agresión and social status. Child Development, 75, 147-163.

Clark A., Clames, H., & Bean R. (2000). *Cómo desarrollar la autoestima en los adolescentes.* Debate Editorial. California.

Cohen, E. (2003). Children exponed to violence. Recuperado el 4 de mayo de 2008 desde *http: www.zerotothree.org/site/ DocServer/courtteam_Children_Violence.*

Cohen, E. & Walthall, B., (2003). *Silent realities: supporting young children and their families who experience violence.* Washington, D.C. National Child Welfare Resource Center.

Collingnon, M. (2003). Medios y salud pública. La voz de los adolescentes. Informe Unidad de Salud del Niño y Adolescente. *Organización Panamericana de la Salud. Washington.*

Contreras, A. (2007). Hacia una Comprensión de la Violencia o Maltrato entre Iguales en la Escuela y el Aula. Recuperado el 25 de junio de 2008 desde http://www.revistaorbis.org. ve/6/6Art5.pdf

*Cowie,* H. (2005). El problema de la violencia escolar: trabajando las relaciones. *Violencia y escuela. (183-187).* Valencia. Centro Reina Sofía para el estudio de la violencia.

Craig, G. (2000). *Desarrollo psicológico.* México.

Cruz, E. (2000,). Década 1970, todo comenzó así . . . El Sol. *Revista Oficial de la Asociación de Maestros de Puerto Rico. 1 (1-44).*

Defensor del Pueblo-UNICEF (1999). *Informe sobre violencia escolar: El maltrato entre iguales en la Educación Secundaria Obligatoria.* Recuperado el 11 de enero de 2008 desde http:// www.defensordelpueblo.es/index.asp?destino=informes2.asp

Defensor del Pueblo (2006). Informes, estudios y documentos. Violencia escolar: el maltrato entre iguales. Recuperado el 11 de enero de 2008 desde http://www.defensordelpueblo.es/ index.asp?destino=informes2.asp

De Jesús, N. J. (2005). *La violencia y el sistema escolar.* Recuperado el 21 de marzo de 2007 desde http://www.cyberpediatria.com/

Delgado, C. (1998, 8 de agosto). La violencia nuestra de cada día. *El Nuevo Día.* p. 8.

Departamento de Educación de Puerto Rico. (2007-2008). *Estadísticas de estudiantes matrículados en nivel intermedio.* Área de Planificación y Desarrollo Educativo. Estado Libre Asociado.

Derksen, D. J., & Strasberguer, V. C. (1996). Media and television violence: effects on violence, aggression and antisocial behaviors in children. A. M. Hoffman (Ed.), *Schools, violence and society.* Westport, CT: Praeger.

Díaz-Aguado, M. J. (2003). *Aprendizaje cooperativo y prevención de la violencia.* Recuperado el 6 de febrero de 2008 desde http://www.elrefugioesjo.net./*bullying* /prevencion-violencia. htm

Díaz-Aguado, M. J. (2005). ¿Por qué se produce la violencia escolar y como prevenirla? *Revista Iberoamericana de Educación,* (37), 17-47. Recuperado el 25 de marzo de 2007 desde http://mariajosediazaguado.blogspot.com/2005/12/ porquese-produce-la-violencia-escolar.html.

Ehrensaft, D. (2000). *Parenting together, men and women sharing the care of their Childrens.* The Free Press.

Escontrela, L. & Domínguez C., (2003). *Convivencia vs violencia: una propuesta de intervención educativa.* España.

Espelage, D. L., & Swearer, S. M. (2003). Research on School *Bullying* and Victimization: What have we learned and where do we go from here? *School Psychology Review,* 32, 365-383.

Franco, M. (2002). Los jaquetones en las Escuelas: Entendiendo la violencia escolar. *Revista Crónicas de FILIUS.* Universidad de Puerto Rico. Puerto Rico. 33-36.

Furlán, A. (1998). Problemas de indisciplina en las escuelas de México: el silencio de la Pedagogía, *Perspectivas* (Francia) (108) 569-612.

García, O. (1995). *Violencia interpersonal en la escuela. El fenómeno del matonismo.* Boletín de psicología, (49), 87-103.

Garrido, V. & López, M. (1995). *La prevención de la delincuencia: el enfoque de la competencia social,* Tirant lo Blanch, Valencia.

Garrido, E., Herrero, C. & Masip, J., (2001). *Teoría cognitiva social de la conducta moral y de la delictiva.* Recuperado el 2 de marzo de 2008 desde www.des.emory.edu/mfp/GarridoEtA12005.pdf

Giberti, E. (2000). *Violencia Escolar.* Academia Nacional de Educación.

Gómez, M., (2004). *Introducción a la metodología de la investigación científica.* Editorial Brujas. Córdova. Argentina.

González N. F. (1989). La Teoría General de Sistemas como Matriz Disciplinar y como Método. *Persona y Derecho, 21, 114.*

Hirano, K. (1992). *Bullying and victimization in Japanese classrooms.* 5th European Conference on Developmental Psychology. Sevilla. España.

Howell, J. C. (1997). *Juvenile Justice & Youth Violence,* Sage, Thousand Oaks, CA.

Huesmann, L., Moise J., Podolski C, Eron L. (1997). The roles of normative beliefs and fantasy rehearsal in mediating the observational learning of aggression. *Developmental Psychology (20), 745-755*

Huizinga, D; R Loeber, T. P. Thornberry & L. Cothern (November, 2000). "Co-occurrence of Delinquency and Other Problem Behaviors", *Juvenile Justice Bulletin*, OJJDP, Washington, DC. 1-8.

Ianni, N. (2003). *La convivencia escolar: una tarea necesaria, posible y compleja.* Recuperado el 17 de mayo de 2007, desde www.rieoei.org/experiencias92.htm

Ianni, N. & Pérez, E. (1998). *La convivencia en la escuela. Un hecho, una construcción. Hacia una modalidad diferente en el campo de la prevención.* Buenos Aires. Paidós.

Jackson, P. (1975). *La vida en las aulas.* Madrid. Marova.

Jares, X. R. (2001). *Educación y conflicto. Guía de educación para la convivencia.* Popular. Madrid.

Kazdin, A. E. & G. Buela-Casal (2001). *Conducta antisocial. Evaluación, tratamiento y prevención en la infancia y adolescencia,* Pirámide, Madrid.

Keller, M., Lourenco, O., Malta, T. y Saalbach, H. (2003). The multifaceted phenomenon of "happy victimizers": A cross-cultural comparison of moral emotions. *British Journal of Developmental Pshychology, 21 (1), 1-18.*

Lucca, N. & Berríos R., (2003). *Investigación cualitativa en educación y ciencias sociales.* Publicaciones Puertorriqueñas. Puerto Rico.

Lynne J., Machado, J. & Torres, I. (2001). *Enfrentando la violencia escolar.* Tesis de maestría inédita, Universidad de Puerto Rico, Río Piedras

Martínez, A. (2007, noviembre 26). Avalancha de peleas en la red. El Nuevo Día, p. 8.

Mellor, A. (1990). Bullying in Scottish secondary schools. Spotlights 23. Edinburgh

Millán, P. C. (2000, diciembre 5). A prueba la eficacia del programa Zelda. El Nuevo Día, p. 18.

Mirabal, B. (2006). La violencia en jóvenes en Puerto Rico. (Informe del Centro de Prevención de Violencia en Jóvenes, Recinto de Ciencias Médicas). Puerto Rico.

Mooij, T. (1997). Por la seguridad en la escuela. Revista de Educación, (313), 29-52.

Mora—Merchán, J. A. (1997). El maltrato entre escolares: estudio sobre la intimidación-victimización a partir del cuestionario de Olweus. Recuperando el 18 de junio de 2008, desde http:// www.bullying-in-school.inf

Morán, A. & Suliveres, A. (2004, noviembre). Educar para la convivencia escolar pacífica: principios y pautas en torno a por qué, para qué y cómo. UNESCO de Educación para la paz. Ponencia presentada en el Primer Congreso para la Convivencia Pacífica Escolar, Tropimar Convention Center, Isla Verde, Puerto Rico

Moreno, J. M. (1998, septiembre-diciembre). Comportamiento antisocial en los centros escolares: políticas y prácticas. Recuperado el 3 de diciembre 2007, desde www.rieoei.org/ rie.htm.

Najera, M. E. (2006). Convivencia escolar y jóvenes. Informe del Programa Interdisciplinario de Investigaciones en Chile.

National Center for Education Statistics (2006). Indicators of School crime andsafety: 2006. Recuperado el 9 de octubre de 2008 desde http://nces.ed.gov/programs/crimeindicators/

Nieves, C. M. (2004). *El nivel de empatía de los maestros según la percepción de los estudiantes, su relación con la satisfacción socio emocional de los estudiantes con la escuela y el nivel de violencia con la escuela superior.* Disertación doctoral inédita, Universidad Interamericana, Recinto Metro, Puerto Rico.

Olweus, D. (1978). Aggression in the schools: Bullies and whipping boys. Washington, D.C.: Hemisphere

Olweus, D. (1991). *Bullying among school-boys.* Canywell (Ed), Children and violence. Stockolm.

Olweus, D. (1993). *Bullying at school.* Oxford, Reino Unido: Blackwell. 25

Olweus, D. (1996). Problemas de hostigamiento y de víctimas en la escuela. *Perspectivas* (Francia), (2), 323-360.

Olweus, D. (1998). *Conductas de acoso y amenaza entre escolares.* Madrid. Morata.

O'Moore, M. & Hillery B. (1989). *Bullying* in Dublin Schools. *Irish Journal of Psychology*, 10, 426-441.

Organización Mundial de la Salud. (2007). *Informe mundial sobre la violencia y la salud.* Organización Panamericana de la Salud Oficina Regional para las Américas. Washington D. C. EU.

Ortega, R. (1994). Violencia interpersonal en los centros educativos de enseñanza secundaria. *Revista de Educación*, 304, 253-280.

Ortega, R. (1997). El proyecto Sevilla antiviolencia escolar. Un modelo de intervención preventiva contra los malos tratos entre iguales. *Revista de Educación* 313, 143-161.

Ortega, R. (2000). *Violencia escolar.* Sevilla. Megablum.

Ortega, R. (2004). *Construir la convivencia.* Barcelona, EDEBE.

Ortega, R. & Del Rey, R. (2003). *La violencia escolar. Estrategias de prevención.* España. GRAO.

Ortega, R. & Mora-Merchán, J., (2006). Agresividad y violencia. El problema de la victimización entre escolares. *Revista de Educación, 313,7-27.*

Pellegrini, A. D., Bartini, M. y Brooks, F. (1999). School bullies, victims, and aggressive victims. Factors relating to group affiliation and victimization in early adolescence. *Journal of Educational Psychology*, 91(2), 216-224.

Piñuel, I. & Oñate, A. (2007). Acoso y Violencia Escolar en España. IIEDDI

Planella, J. (1998, sept-dic). Repensar la violencia: usos y abusos de la violencia como forma de comunicación en niños y adolescentes. *Revista de Intervención Socioeducativa, 10.*

Prieto, C. (2005, oct-dic.). La violencia escolar. Revista Mexicana de Investigación Educativa. 10, (27)

Quiñónez, S. M. (2005). *Percepción de lo directores de escuelas para lidiar con el manejo de conductas retantes en los planteles escolares.* Disertación doctoral inédita, Universidad de Puerto Rico, Río Piedras.

Rauch, L., (1999, 23 de abril). Bomba de tiempo en los planteles escolares. *El Nuevo Día.* p. 24.

Rigby, K. (2002). *A meta-evaluation of methods and approaches to reducing bullying in pre-schools and early primary school in Australia*. Recuperado el 12 de febrero de 2009 desde www. crimeprevention.gov.au

Rigby, K. (2005). Student by stander in Australia Schools. *Pastoral Care*, June, 10-16.

Robinson G. y Maines, B. (2003). *Bullying : A complete guide to the support group method*. Sage.

Rodríguez, N. (2006). *Stop bulling. Las mejores estrategias para prevenir el acoso escolar*. RBA. Barcelona.

Roland, E., & Galloway, D., (2002). Classroom Influences on *Bullying*, en Educational Research, 44, (3), 299-312

Rosario, F., G. (2005). *Actitud hacia la violencia en una muestra de estudiantes de escuela superior del pueblo de Hatillo*. Tesina de maestría inedita, Universidad Inter Americana, San Germán.

Rué, J. (1997). Un mundo de significados. *Cuadernos de pedagogía*, (254). 54-58

Rugby, K. (2003). *Consequences of bullying in schools*. Recuperado el 9 de abril de 2009 desde www.schoolissues/*bullying* /rugby/ a1.com

Sanabria I. (2002). *Perfil psicosocial de la joven transgresora con diagnóstico dual del Centro de Detección y Tratamiento Social de Niñas en Ponce*. Disertación doctoral inédita, Universidad Carlos Albizu, San Juan, Puerto Rico.

Santos, L. E. (2001, Núm. 2). Estudio comparativo, correlacional sobre los efectos de la violencia escolar en el rendimiento de los graduados de escuelas superiores. *Revista El Sol*, 24-29.

Santrock, J., (2005). *Psicología de la educación*. McGraw Hill Interamericana.

Serrano, A. (2005). *Acoso y violencia en la escuela: como detectar, prevenir y resolver el bulling*. Editorial Ariel., España.

Smith, P. K. (2004). *Definition, Types and Prevalence of School Bullying and Violence*, Unit for School and family Studies, University of London, Goldsmiths College. Recuperado el 17 de diciembre de 2006 desde http://www.oecd.org/dataoecd/27/47/33866548.ppt

Smith, P. K. y Sharp, S. (1994). *School bullying. Insights and perspectives*. Routeledge, London.

Simmons, R. (2006). *Enemigas íntimas: agresividad, manipulación y abuso entre las niñas y las adolescentes*. Océano. México.

Soto, E. (2000). *Un perfil psico-social de delincuentes masculinos en una muestra del Programa de Rehabilitación Southwest Key de Puerto Rico*. Disertación inédita Universidad Carlos Albizu. San Juan, Puerto Rico.

Strauss, M. (2002). Corporal punishment and academic achievement scores of young children: a longitudinal study. Recuperado el 16 de abril de 2008 desde http://pubpages.unh.edu/mas2/

Strauss, M. & Colby, J. (2001). Corporal punishment by mothers and academia Achievement scores of young children: a longitudinal study. Recuperado el 16 de Abril de 2008 desde http://pubpages.unh.edu/mas2/

Souto, M. (1996). *La clase escolar. Una mirada desde la didáctica de lo grupal*. Argentina. Páidos.

Suárez, S. E. (1997, 1). La comparación como origen de la crueldad. *Revista El Sol.* 34-35.

The Elton Report. (1989). *The history of education in England.* Recuperado el 23 de diciembre de 2009 desde www.dg.dial. pipex.com

Torres, G. (2002). *Percepción que tienen los estudiantes de noveno grado de la Región Educativa de Humacao sobre eventos humillantes o vergonzosos en el escenario escolar y reacciones y sentimientos ante estos eventos.* Disertación doctoral inédita Universidad Interamericana, Recinto Metro, Puerto Rico.

Trianes, M. (2000). La violencia en contextos escolares. Aljibe. Málaga.

USA Department of Health and Human Services (1995). *The Program Manager's Guide to Evaluation: An Evaluation Handbook Series from the Administration on Children, Youth and Families.* US Department of Health and Human Services, Washington DC.

USA, National Center for Education Statistics & Bureau of Justice Statistics. (2002). *Indicators of school crime and safety: 2002.* Recuperado el día 16 de mayo de 2008 desde: http://nces. ed.gov

Valle D., Albite L., & Rosado I., (1998). *Violencia en la familia . . . una perspectiva crítica.* Ediciones de Familia y Comunidad. San Juan, Puerto Rico.

Villeneuve M. (2004). *Manual de práctica: desarrollo de destrezas básicas de investigación.*

Viscardi, N. (2003). *Enfrentando la violencia en las escuelas.* Oficina Regional de Educación para América Latina y el Caribe. Brasil: Ediciones UNESCO. 127

Voors, W. (2005). Bullying, el acoso escolar. España. Paidós

Wartella, E., (1998). Violencia en la televisión norteamericana. *Diálogos de la comunicación.* 53. FELAFACS.

Whitney, I. & Smith, P. (1993). A survey of the nature and extend of bulling in junior/ middle and secondary schools. *Educational Research, (35), 3-25.*

Wordes, M. & Nuñez, M. (2002). Our vulnerable teenagers: Their victimization, its *consequences, and directions for prevention and intervention.* Washington, DC: National Center for Victims of Crime & National Council on Crime and Delinquency.